Sabine Gosch (Hrsg.)

Akupunktur Hund: Bewegungsapparat

Sabine Gosch (Hrsg.)

Akupunktur Hund: Bewegungsapparat

Einführung und Fallbeispiele

Unter Mitarbeit von
Gisela Clauß-Arndt und Angelika Dura

M.& H. Schaper

Bibliografische Information der Deutschen Nationalbibliothek
Die Deutsche Nationalbibliothek verzeichnet diese Publikation in der Deutschen Nationalbibliografie; detaillierte bibliografische Daten sind im Internet über http://dnb.ddb.de/abrufbar.

ISBN 978-3-7944-0227-4 (Print)
ISBN 978-3-7944-0237-2 (PDF)

Abbildungen:	fotolia.com: Dmytro Tolokonov; José 16; rotoGraphics; hjschneider
Grafik:	Kerker + Baum, Büro für Gestaltung, Hannover
Reihengestaltung:	Groothuis, Lohfert, Consorten/glcons.de
Satz:	PER Medien+Marketing GmbH, Braunschweig
Druck und Bindung:	Beltz Bad Langensalza GmbH, Bad Langensalza

Inhalt

Autoren

Dr. Gisela Clauß-Arndt
Wiesen 1
94167 Tettenweis

Dr. Angelika Dura
Schillerstraße 44
35428 Langgöns

Dr. Sabine Gosch
Sofienstraße 43a
76461 Muggensturm

Vorwort

Der Einsatz von Akupunktur ist in der Tiermedizin inzwischen verbreitet. Von Seiten der Tierhalter besteht eine stetig steigende Nachfrage, auch als ergänzendes Therapieverfahren. In den letzten Jahren ist ein umfangreiches Angebot an Fortbildungen für Tierärzte entstanden. Demzufolge nimmt auch die Zahl der Tierärztinnen und Tierärzte, die ihre fachliche Qualifikation in diesem Bereich durch den Erwerb der Zusatzbezeichnung »Akupunktur« mit Prüfung durch die Tierärztekammern bestätigen, kontinuierlich zu.

Die schul- und regulationsmedizinisch erfahrenen Autorinnen sind seit vielen Jahren als Referentinnen zur Veterinärakupunktur in der Fort- und Weiterbildung der Akademie für tierärztliche Fortbildung (ATF) aktiv. Sie widmen sich mit diesem Buch der Diagnostik und Therapie von Erkrankungen des Bewegungsapparates beim Hund. Nach der Traditionellen Chinesischen Veterinärmedizin (TCVM) können die Ursachen dieser Erkrankungen häufig auf Störungen innerhalb eines oder mehrerer Meridiane zurückgeführt werden. Ein Schwerpunkt liegt daher zunächst auf der kompakten Wiederholung wichtiger diagnostischer und therapeutischer Punkte. Ausführliche Fallbeispiele erläutern den Weg zur Diagnose und Auswahl der Therapiepunkte und geben praktische Anregungen für den Einsatz der Akupunktur.

Die beschriebenen Fälle zeigen die individuellen Vorgehensweisen der jeweiligen Therapeutin. Das soll Mut machen, mit einem vorgegebenen Handwerkszeug einen eigenen diagnostischen und therapeutischen Weg mit der Akupunktur zu finden.

Ich bin davon überzeugt, dass dieses Buch der erfolgreichen Akupunkturanwendung in der eigenen Praxis dienen kann.

Berlin, Mai 2012

Diane Hebeler
Geschäftsführerin der ATF

Therapeutische Punkte

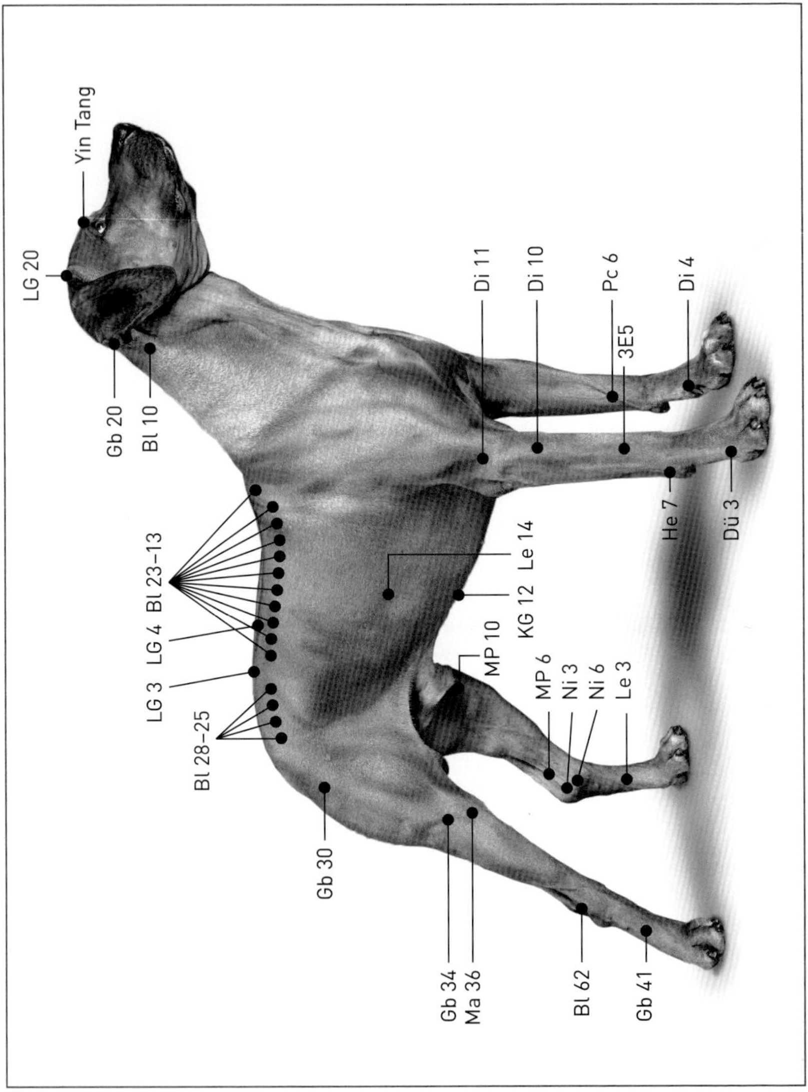

Diagnostische Punkte

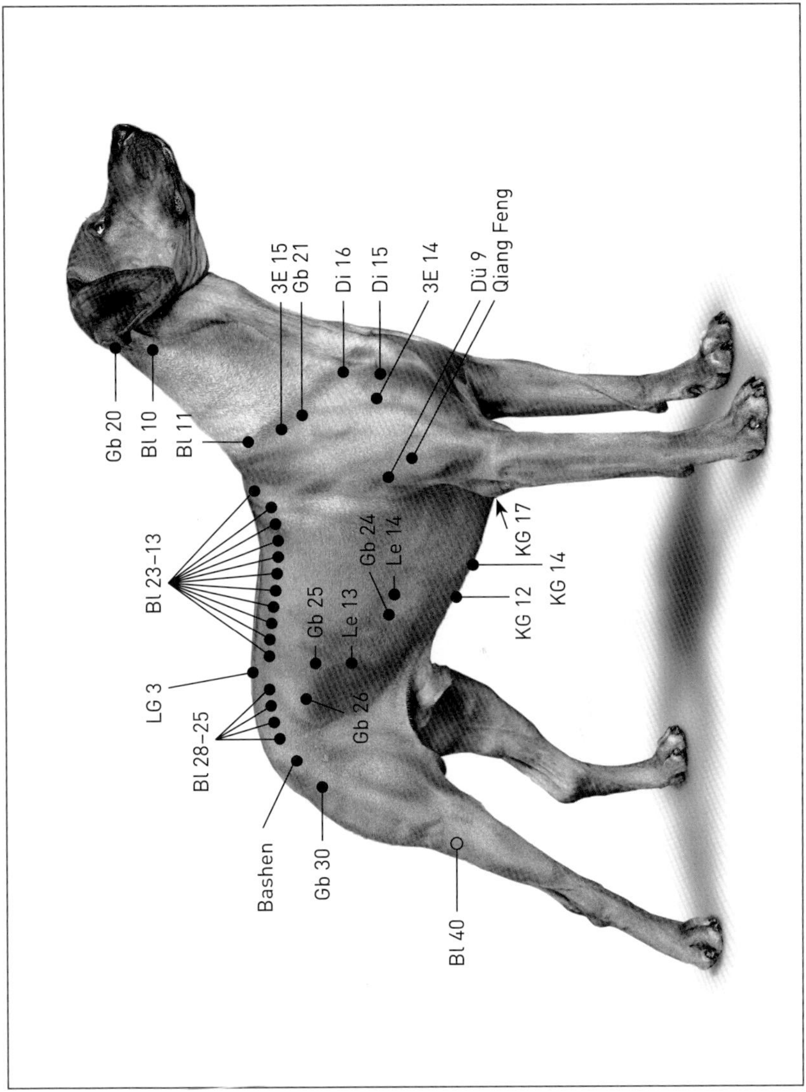

1 Einführung

1.1 Die Akupunkturtherapie

Die Akupunkturtherapie kann in drei verschiedene Techniken eingeteilt werden:

1. Das sogenannte *Locus-dolendi-Stechen*; hierbei wird die Nadel an druckdolenten (auf Druck schmerzhaften) Punkten gestochen. Dies ist die einfachste Form der Akupunktur, die zwar oft eine Wirkung zeigt, deren Erfolg aber meist nicht nachhaltig ist.
2. Bei der *symptomatischen Akupunktur* werden nach Stellung einer westlichen Diagnose bestimmte Punktkombinationen gestochen. Die Wirkung dieser Methode, die manchmal auch als »Kochbuchakupunktur« bezeichnet wird, ist im Allgemeinen von längerer Dauer als das Locus-dolendi-Stechen.
3. Der *Energieausgleich*. Hierunter versteht man die Grundbehandlung nach der Traditionellen Chinesischen Veterinärmedizin (TCVM). Dies ist die »wahre« Akupunktur und zeitigt, sachgerecht ausgeführt, die besten und nachhaltigsten Ergebnisse.

Es werden auch Mischformen angewendet, z. B. kann man einen Energieausgleich mit »symptomatischen« Punkten kombinieren.

1.2 Untersuchung der Shu-Punkte

Prinzipiell hat man bei Fülle-Zuständen druckdolente Punkte, bei Leere-Zuständen wird der Druck auf die Punkte als angenehm empfunden.

Technik/Anwendung

Die Haut wird schnell durchstochen, dann wird die Nadel langsam tiefer geführt bis das »De-Qi-Gefühl« oder »PSC« (*propagated sensation along the channel*) ausgelöst wird. Dies ist am Anfang nicht so leicht zu spüren, aber mit der Zeit entwickelt man ein Gefühl dafür, ob der Punkt getroffen wurde.

In der Regel entspannen sich die meisten Hunde und auch Katzen, wenn die Nadeln liegen. Die Verweildauer der Akupunkturnadeln beträgt normalerweise 15 bis 20 Minuten, es ist aber auch, je nach Fall möglich, die Nadeln kürzer oder länger zu belassen. Die Nadel sollte sich leicht entfernen lassen. Ist dies nicht der Fall, »arbeitet« sie noch und sollte nicht gezogen werden. Die Anzahl der Nadeln pro Behandlung variiert, der Anfänger wird mehr Nadeln benötigen. Je mehr Erfahrungen der Akupunkteur sammelt, desto mehr sollte sich die Zahl der Nadeln reduzieren. Im Schnitt werden ca. 2 bis 5 Punkte genadelt.

Bei **akuten Erkrankungen** benötigt man weniger Behandlungen und wählt kürzere Behandlungsintervalle. Hier kann 2- bis 3-mal pro Woche behandelt werden.

Bei **chronischen Erkrankungen** sind die Abstände zwischen den Behandlungen länger, i. d. R. mindestens eine Woche und es werden meist mehr Behandlungen benötigt.

Die Stichtiefe ist unterschiedlich und richtet sich nach der Lage des jeweiligen Punktes. Es darf kein Dauerschmerz ausgelöst werden, dann ist die Nadel zu entfernen. Statt Nadeln kann auch ein Akupunkturlaser zum Einsatz kommen.

1.3 Nadeln

Es werden sterile Einmalnadeln aus Edelstahl verwendet, die sehr dünn und biegsam sind. Es gibt sie beschichtet und unbeschichtet, ohne und mit Führungsröhrchen. Für die Kleintierakupunktur werden in der Regel keine Nadeln mit Führungsröhrchen benötigt. Für sogenannte »Blutpunkte« (s. u.) kann man auch Injektionskanülen verwenden. Bei der »normalen« Akupunktur sind sie nicht zu empfehlen, da sie viel leichter abbrechen können und auch die Infektionsgefahr größer ist. Außerdem ist die Akupunktur damit schmerzhafter.

1.4 Moxibustion, Moxa

Unter Moxa versteht man eine Wärmezufuhr auf Akupunkturpunkte durch Verglühen von getrockneten Beifußblättern *(Artemisia vulgaris)*. Auf diese Weise wird der Nadelreiz zusätzlich durch Wärmeeinwirkung verstärkt, vorwiegend bei Erkrankungen, die durch den klimatischen Faktor Kälte hervorgerufen werden oder bei Tieren, die eine Yang-Leere haben. Bei Kleintieren werden hierfür hauptsächlich Moxazigarren verwendet, die an den Akupunkturpunkt gehalten werden.

Zum Moxen: Indiz dafür ist ein langsamer Puls (Kälte) und blasse, manchmal bläuliche Schleimhäute. In der Regel kann man nichts falsch machen, wenn man eine Moxazigarre an einen Punkt hält – wenn diese Behandlung nicht indiziert ist, wehrt sich das Tier. Wenn die Wärme gut tut, entspannen sich die Tiere und genießen die Behandlung.

1.5 Blutpunkte/Bluten lassen

Diese Technik wendet man an, um Hitze auszuleiten bzw. Fülle zu mindern. Man kann diese Punkte mit einer Akupunkturnadel stechen, aber oft werden hierzu Kanülen verwendet. Die Nadel wird gestochen und kürzer oder länger belassen, je nachdem wie viel Hitze bzw. Fülle man ausleiten möchte. Nach Entfernen der Nadel kann es noch einige Zeit nachbluten.

2 Untersuchung und Fallbearbeitung

2.1 Untersuchungsgang

Diagnose durch Augenschein

- Gesamterscheinung, Gestalt
- Haltung und Bewegung
- Lebenskraft, Konstitution
- Ausstrahlung
- Typ (nach den 5 Wandlungsphasen)
- Temperament
- Haar
- Augen und Lider
- Nase
- Lippen, Mund, Zähne
- Zunge
- Schleimhäute
- Gliedmaßen, Krallen
- Ausscheidungen

Diagnose durch Hören und Riechen

- Klang von Stimme, Atemgeräusche
- Geruch (Körpergeruch, Körperausscheidungen)

Befragung der Patientenbesitzer

- Alter und Aufzucht
- Soziales Verhalten: (a) in Tiergruppen, (b) gegenüber Bezugspersonen
- Sexuelles Verhalten
- Lernfähigkeit und Lernwille
- Schlafgewohnheiten
- Temperaturbedürfnis
- Schmerzempfindung
- Fressverhalten, Durst, Hunger

- Miktion
- Zeit
- Laufende Therapien, Medikamente
- Was hat das Leiden ausgelöst?
- Wann und unter welchen Umständen hat es begonnen?
- Was bessert, was verschlimmert?
- Stimmung des Tieres

Betastung

- Reaktion auf körperliche Kontaktaufnahme
- Temperatur der Oberfläche
- Puls
- Schmerzpunkte
- Shu-Punkte
- Mu-Punkte
- Prüfung der Beweglichkeit

Allgemeine Einflussfaktoren

- Jahreszeit, Klima
- Lebensgewohnheiten

Anfangs ist es leichter eine Diagnose zu stellen, wenn man sich möglichst genau an den Untersuchungsgang hält und dadurch viele Informationen sammelt. Mit mehr Erfahrung kann man dann weniger Punkte »abarbeiten« und einige Untersuchungen nur im Zweifelsfall machen, um die Diagnose abzusichern. Welche »Hauptuntersuchungen« man macht und welche »Zusatzuntersuchungen« hängt vom jeweiligen Akupunkteur ab. Gerade der Punkt »Befragung der Patientenbesitzer« ist sehr großen Schwankungen ausgesetzt. Es gibt Besitzer, die ihre Tiere sehr genau beobachten und auch ganz sicher wissen, wie ihr Tier reagiert, aber es gibt natürlich auch solche, die Fragen nur rudimentär beantworten können. Oft ist auch über die Vorgeschichte nichts oder nur wenig bekannt.

2.2 Fallbearbeitung

Signalement/Patient/Fallnummer

Anamnese

Modalitäten

Befunde

Diagnose

Acht Leitkriterien

Pathogene Faktoren

Vitale Substanzen

Meridiane

Fünf Wandlungsphasen

Zang Fu

Pathogenese

Therapie

Punkte	Begründung/Wirkung

Weiteres Vorgehen

3 Diagnostik

3.1 Diagnostische Punkte

Die meisten diagnostischen Punkte sind auch therapeutisch einsetzbar. Druckdolente Punkte können daher immer auch in die Therapie einbezogen werden.

3.1.1 Transponierte Punkte

Gb 20, Feng Chi (Windteich)

Lokalisation: in einer Vertiefung zwischen Occiput und kranialem Rand des Atlasflügels

- Einseitige Druckdolenz ist ein Hinweis auf Schmerzen der kontralateralen Hintergliedmaße, insbesondere für Hüftprobleme
- Beidseitige Druckdolenz weist auf Meridianblockaden im Genick- und Halsbereich hin

Bl 10, Tian Zhu (Himmlische Säule)

Lokalisation: auf dem Atlasflügel, am Rand des M. cleidocervicalis

- Einseitige Druckdolenz ist ein Hinweis auf Schmerzen der kontralateralen Hintergliedmaße
- Beidseitige Druckdolenz ist ein Hinweis für Meridianblockaden im Genick- und Halsbereich

Bl 11, Da Zhu (Großes Weberschiffchen)

Meisterpunkt der Knochen

Lokalisation: am kranialen Rand der Scapula, auf Höhe des Angulus scapulae

- Druckdolenz weist auf Blockaden im Blasenmeridan und/oder auf Blockaden in den Vorderbeinen hin

3E 14, Jian Liao

Lokalisation: kaudal des Acromion am Schultergelenk auf Höhe von Di 15

- Druckdolenz ist ein Hinweis auf lokalen Schulterschmerz

3E 15, Tian Liao (Himmlische Knochenhöhle)

Lokalisation: am kranialen Scapularand, am Übergang vom oberen zum mittleren Drittel

- Druckdolenz weist auf Blockaden im Meridianverlauf und auf Schulterprobleme hin

Di 15, Jian Gu (Schulterknochen)

Lokalisation: kraniolateral des Buggelenkes, zwischen Acromion und Tuber majus humeri.

- Schulterdiagnostik, Probleme im Bereich des Buggelenkes

Di 16 Ju Gu (Mächtiger Knochen)

Lokalisation: ventral des Buggelenklymphknotens

- Blockaden im Bereich des Meridianverlaufs

Gb 21 (Schulterbrunnen)

Lokalisation: am kranialen Rand der Scapula und des M. trapezius, zwischen 7. Halswirbel und 1. Brustwirbel

- Schmerzen im Bereich von Schulter und Nacken

Dü 9, Jian Zhen (Eindeutig die Schulter)

Lokalisation: auf Höhe des Buggelenkes, kaudal des Humerus, auf dem M. triceps brachii

- Schmerzen in der Schulter

Bl 26, Guan Yuan Shu (Shu-Punkt des Guan Yuan, Ursprungsenergie)

Lokalisation: lateral des 6. Lendenwirbels auf dem Blasenmeridian

- Diagnostischer und therapeutischer Kniepunkt

Gb 26, Dai Mai (Gürtelgefäß)

Lokalisation: ventrokranial des Tuber coxae

- Stau im Gürtelgefäß (Dai Mai), Öffnen mit Gb 41

Du Mai (Lenkergefäß, LG)

Eine Reaktion beim Streichen über die Wirbelsäule weist auf einen Stau im Lenkergefäß hin. Öffnen mit Dü 3

Gb 30, Huan Tiao (Hüpfen und Springen)

Lokalisation: dorsokaudal des Trochanter major

- Probleme im Bereich des Hüftgelenkes

Bl 40, Wei Zhong (Mitte der Beugung)

Lokalisation: in der Mitte der Kniekehle

- Probleme im Kniegelenk und in der Hintergliedmaße

LG 3, Yao Yang Guan (Yang-Schranke des unteren Rückens)

Lokalisation: Foramen lumbosacrale

- Diagnostischer Punkt für Beschwerden der Hintergliedmaße

Ma 31, Bi Guan (Oberschenkelgrenze)

Lokalisation: am lateralen Rand des M. sartorius

- Hüftgelenk (Kniegelenk)

Ma 32, Futu (Kauernder Hase)

Lokalisation: unterhalb von Ma 31

- Hüftgelenk, Hinterextremität

Bl 19, Dan Shu (Shu-Punkt Gallenblase)

Lokalisation: im zweiten ICR von hinten gezählt, auf dem inneren Verlauf des Blasenmeridians

- Diagnostischer und therapeutischer Punkt für das Hüftgelenk

3.1.2 Traditionelle Punkte

Qiang Feng

Lokalisation: in einer Vertiefung zwischen M. deltoideus und M. triceps brachii

- Diagnostischer Punkt bei Qi-Blockaden der Schulter und der Vordergliedmaße

Bashen

Lokalisation: in der Mitte der Strecke Bai Hui (LG 3) und Trochanter major

- Schmerzen und Verspannungen der Hintergliedmaße

Bai Hui

Lokalisation: Foramen lumbosacrale

- Schmerzen und Verspannungen der Hintergliedmaße

Huanzhong

Lokalisation: in der Mitte zwischen Tuber coxae und Tuber ischiadicum

- Schmerzen im Bereich der Lende und Hüfte

Huantiao

Lokalisation: kranial des Trochanter major

- Schmerzen im Bereich der Lende und Hüfte

Huanhou

Lokalisation: kaudal des Trochanter major

- Schmerzen im Bereich der Lende und Hüfte

Dakua

Lokalisation: kraniodistal des Trochanter major

- Schmerzen im Bereich der Lende und Hüfte

3.1.3 Shu-Punkte (Zustimmungspunkte)

Sie transportieren Qi und zeigen Qi-Disharmonien in den Zang-Fu-Organen an. Shu-Punkte weisen auf Qi-Blockaden in den Meridianen hin. Sie sind diagnostisch und therapeutisch einsetzbar.

Transponierte Shu-Punkte

Bl 13 (Lunge)
Fei Shu
Wirkung: öffnet die Oberfläche, vertreibt äußeren Wind

Bl 14 (Pericard)
Jue Yin Shu
Wirkung: reguliert und stärkt das Herz, entspannt den Thorax

Bl 15 (Herz)
Xin Shu
Wirkung: reguliert das Shen, kühlt Hitze und beruhigt den Geist

Bl 18 (Leber)
Gan Shu
Wirkung: reguliert das Leber-Qi, bewegt stagnierendes Qi und Blut, beseitigt Wind

Bl 19 (Gallenblase)
Dan Shu
Wirkung: beseitigt Nässe und Hitze aus den Funktionskreisen Leber und Gallenblase

Bl 20 (Milz)
Pi Shu
Wirkung: stärkt die Milz, beseitigt Nässe, stärkt Qi und Blut

Bl 21 (Magen)
Wei Shu
Wirkung: beseitigt Nässe

Bl 22 (Dreifacher Erwärmer)
San Jiao Shu
Wirkung: reguliert die Flüssigkeitsumwandlung im Dreifachen Erwärmer, öffnet die Wasserwege

Bl 23 (Niere)
Shen Shu
Wirkung: stärkt den Lendenbereich und unterstützt die Knochen, stärkt den Funktionskreis Niere

Bl 25 (Dickdarm)
Da Chang Shu
Wirkung: fördert die Funktion des Dickdarms

Bl 27 (Dünndarm)
Xiao Chang Shu
Wirkung: unterstützt die Funktion des Dünndarms

Bl 28 (Blase)
Pang Guang Shu
Wirkung: beseitigt Nässe und stärkt den Rücken

3.1.4 Mu-Punkte (Alarmpunkte)

Sie sammeln Qi und zeigen Qi-Disharmonien in den Zang-Fu-Organen.

Transponierte Mu-Punkte

Lu 1 (Lunge)

Lokalisation: im 1. ICR medial des Tuberculum majus humeri

- Disharmonien im Funktionskreis Lunge, Schmerzen in Schulter, Thorax und Brustwirbelsäule, Ödeme im Gesicht

Le 14 (Leber)

Lokalisation: seitlich am Brustkorb, im 5. ICR von hinten, auf einer Linie zwischen Schulter (Tuberculum majus humeri) und Hüftgelenk (Trochanter major)

- Disharmonien im Funktionskreis Leber, Interkostalneuralgien

Gb 24 (Gallenblase)

Lokalisation: an der seitlichen Brustwand in Höhe des Übergangs vom knöchernen zum knorpeligen Anteil der Rippen, im 4. ICR von hinten

- Disharmonien im Funktionskreis Gallenblase, Flankenschmerzen

Le 13 (Milz)

Lokalisation: lateral am Abdomen, am Ende der letzten Rippe

- Disharmonien im Funktionskreis Milz

Gb 25 (Niere)

Lokalisation: am kaudalen Rand der letzten Rippe

- Disharmonien im Funktionskreis Niere

KG 12 (Magen)

Lokalisation: in der Mitte zwischen Xiphoid und Nabel

- Disharmonien in den Funktionskreisen Milz und Magen

KG 14 (Herz)

Lokalisation: am Ende des Xiphoid

- Disharmonien im Funktionskreis Herz und Dünndarm

KG 17 (Pericard)

Lokalisation: median auf dem Sternum auf Höhe des Ellenbogenhöckers

- Schwäche in den Vorderextremitäten, Meisterpunkt der Atmung und des Thorax, reguliert und tonisiert das Qi des Thorax, befreit die Lunge

3.1.5 Acht Außerordentliche Gefäße (Ji Jing Ba Mai)

Du Mai (Lenkergefäß)

Hinweis für einen Stau: beim Darüberstreichen, weicht das Tier aus
Öffner: Dü 3

Ren Mai (Konzeptionsgefäß)

Hinweis für einen Stau: beim Darüberstreichen, weicht das Tier aus
Öffner: Lu 7

Chong Mai (Durchdringungsgefäß)

Öffner: MP 4

Dai Mai (Gürtelgefäß)

Hinweis für einen Stau: Druckdolenz bei Gb 26
Öffner: Gb 41

Yang Ciao Mai (Yang-Fersengefäß)

Hinweis für einen Stau: Druckdolenz bei Di 16
Öffner: Bl 62

Yin Ciao Mai (Yin-Fersengefäß)

Öffner: Ni 6

Yang Wei Mai (Bewahrer des Yang)
Öffner: 3E 5

Yin Wei Mai (Bewahrer des Yin)
Öffner: Pc 6

3.1.6 Diagnose nach Schmerzpunkten (Ashi-Punkte)

Schmerzpunkte sind druckdolente Punkte, die nicht immer auf den Meridianen liegen. Oft befinden sie sich in der Nähe des Ortes, in dem die Probleme vermutet werden, sie können aber auch weiter entfernt auftauchen. Diese Punkte kann man in die Therapie einbeziehen.

3.1.7 Kibler'sche Hautfalte

Zeigt Blockaden in den Dermatomen an, die von den entsprechenden Ästen der ventralen und dorsalen Spinalnerven versorgt werden. (Rollt man eine Hautfalte von kranial nach kaudal über den Rücken ab und findet dabei verhärtete, angespannte Areale, weist dies auf Schmerzen in diesen Segmenten hin).

3.2 Diagnose nach Exogenen Pathogenen Faktoren

- Man unterscheidet Exogene und Endogene Pathogene Faktoren.
- Exogene Pathogene Faktoren sind z. B. klimatische Faktoren, Nahrungsmittel u. a.
- Endogene Pathogene Faktoren sind Emotionen.

Wind
Die Symptome setzen plötzlich ein, die Lokalisation und Symptomatik wechselt, die Tiere zeigen eine Abneigung gegen Wind.
Beispiele: Lähmungen, Zittern, Krämpfe, Muskelschmerzen.

Kälte

Invasion des Pathogenen Faktors Kälte, häufig kombiniert mit Wind.
Beispiele: Starke, dumpfe, bohrende, tiefe lokalisierte Schmerzen, insbesondere in den Extremitäten und Gelenken. Langsamer Beginn. Die Tiere zeigen Abneigung gegen Kälte, suchen die Wärme.

Feuchtigkeit

Invasion des Pathogenen Faktors Feuchtigkeit, häufig kombiniert mit Wind.
Der Schmerz ist lokalisiert und ziehend; Schweregefühl, Schwellungen der Gelenke und Extremitäten.
Beispiele: Ödeme, Taubheitsgefühle, Lähmungen

Trockenheit

Invasion des Pathogenen Faktors Trockenheit, häufig kombiniert mit Wind.
Beispiele: Sehnenprobleme bei Blutleere (mangelnde Befeuchtung)

Hitze

Invasion des Pathogenen Faktors Hitze, häufig kombiniert mit Wind. Hitze kann auch aus Kälte und Feuchtigkeit durch anhaltende Stagnation entstehen, z. B. feuchte Hitze in den Gelenken.
Beispiele: Gelenkentzündungen

Trauma

Ein Trauma verursacht i. d. R. einen Qi-Stau (keine Schwellung).
Ein **schweres Trauma** ruft einen Blut-Stau hervor, es kommt zur lokalisierten, mitunter sehr schmerzhaften Schwellung.

3.3 Diagnose anhand der Vitalen Substanzen

3.3.1 Die Vitalen Substanzen

Qi

- Qi-Leere
- Gestautes Qi
- Sinkendes Qi
- Rebellierendes Qi

Blut (Xue)

- Blut-Leere
- Gestautes Blut
- Hitze im Blut

Jing (Essenz)

Gründe für das Entstehen eines Jing-Mangels

- pränatal (angeboren): bestimmt die Konstitution
  - entsteht aus Jing der Elterntiere (genetisches Potential)
  - Jing der Mutter (embryonale Entwicklung, Geburt)
- postnatal (erworben): bestimmt die Kondition
  - Ernährung
  - Soziales Umfeld
  - bestimmt Wachstum, Jungtierentwicklung

Symptome bei Jing-Mangel

- Entwicklungsstörungen (Knochen, Missbildungen)
- Arthrosen
- Frühes Altern

Shen (Geist, Seele)

Jin Ye (Körperflüssigkeiten)

Man unterscheidet zwischen:

- Mangel an Körperflüssigkeiten
- Ansammlung von Körperflüssigkeiten

3.3.2 Diagnose

Gestautes Qi

Die Schmerzen wandern, die Tiere sind nach dem Aufstehen lahm. Die Lahmheit bessert sich bei Bewegung

Qi-Leere

Die Lahmheit verschlechtert sich bei Bewegung

Blut-Stau

Es treten lokalisierte starke Schmerzen auf, Bewegung bessert nicht

Blut-Leere

Bewegung verschlechtert, Zittern

3.4 Diagnose nach Lokalisation und Schmerzqualität – Bi-Syndrom

Definition: Unter »Bi-Syndrom« versteht man eine Blockade oder ein »Verlegt-sein«. Das Bi-Syndrom ist ein schmerzhaftes Stauungssyndrom. Es wird hervorgerufen durch eine Blockade von Qi und Blut in den Leitbahnen und Kollateralen, speziell in den Muskel- und Netzleitbahnen.

Betroffen sind Muskeln, Sehnen und besonders Gelenke.

Muskelleitbahnen verbinden Muskeln und Sehnen. Sie sind bei allen Muskel-, Sehnen- und Gelenkpathologien beteiligt (z. B. Arthritis, Arthrose, rheumatische Erkrankungen, Neuralgien, Nerven- und Muskelentzündungen). Es kommt zu

- Schmerzen
- Bewegungsunlust
- Verspannungen
- Steifheit
- Schwächegefühl
- Gefühllosigkeit bis Taubheit
- Lähmungen
- Spasmen

Netzleitbahnen liegen oberflächlich zwischen Haut und Hauptleitbahnen und sind dort besonders angreifbar für Exogene Pathogene Faktoren (EPF). Gleichzeitig haben sie eine Beziehung zum Blut (Xue), da sie sich zusätzlich in einer tieferen Schicht unterhalb der Hauptleitbahnen befinden.

3.4.1 Ursachen des Bi-Syndroms

- Exogene Pathogene Faktoren: akut, Fülle.
- Endogene Pathogene Faktoren: Qi, Blut, Zhen Qi, Wei Qi und Ying Qi sind geschwächt, so dass die Exogenen Pathogenen Faktoren eindringen können: chronisch, Leere.

Exogene Pathogene Faktoren

- Wind
- Kälte
- Feuchtigkeit (Nässe)
- Hitze
- (Trockenheit)
- (Oft in Kombinationen mit Wind als »Träger«)
- Fütterungsfehler
- Traumata
- Überarbeitung

Endogene Pathogene Faktoren

- Ärger, Zorn
- Sorgen
- Depression
- Angst, Schock
- (Alter)

3.4.2 Schmerzqualität beim Bi-Syndrom

Akut – Fülle

- Stagnation von Qi und Blut
- Plötzlich
- Starke Schmerzen
- Pochend, stechend
- Wandernd, wechselnd
- Strahlen aus
- Druck verschlechtert
- Bewegung bessert – nur bei Qi-Stagnation

Chronisch – Leere

- Mangel an Qi und Blut
- Schmerzen nicht so stark
- Dumpf, tief
- Intermittierend bis permanent
- Lokalisiert
- Druck und Ruhe bessern

3.4.3 Manifestation in den fünf Grundgeweben – außen

- Haut-Bi
- Muskel-Bi
- Sehnen-Bi
- Gefäß-Bi
- Knochen-Bi

Bei der Therapie unterscheidet man akute und chronische Krankheitsbilder.

Akut

- Außen (Biao)
- Abneigung gegen Exogene Pathogene Faktoren
- Häufig Kopf- und Gliederschmerzen
- Puls: oberflächlich
- Zang Fu nicht betroffen

Chronisch

- Innen (Li)
- Keine Abneigung gegen Exogene Pathogene Faktoren
- Zang Fu betroffen (speziell FK Niere, Leber, Milz)
- Puls: tief

3.4.4 Arten von Bi

Akut

- Wind-Bi – Wanderndes Bi
- Kälte-Bi – Schmerzhaftes Bi
- Nässe-Bi – Fixiertes Bi
- Hitze-Bi – Fieberhaftes Bi

Chronisch

- Knochen-Bi

3.4.5 Symptome und Therapieprinzipien

Wind – Wanderndes Bi

- Wandernde Schmerzen
- Akut, plötzlich, anfallsartig
- Abneigung gegen Wind
- Schmerzen stechend, krampfartig
- Lateral ausstrahlend
- Gelenk-, Muskelschmerzen
- Verspannungen
- Neuralgien
- Spasmen, Paresen
- »Hexenschuss«

Betroffene Körperschichten: Sehnen, Bänder, Muskeln, Faszien
Körperregion: Laterale Körperpartien, Kopf, Nacken
Puls: gespannt, oberflächlich
Zunge: normal

Therapieprinzip

- Wind eliminieren
- Qi und Blut bewegen
- Leitbahnen durchgängig machen

Punkte

Gb 20, LG 16, LG 14, Gb 34, Bl 10, Bl 17, Di 4, Di 11, 3E 5, Le 3, MP 6, MP 10

Kälte – Schmerzhaftes Bi

- Schmerzen lokalisiert
- Akut
- Abneigung gegen Kälte
- Schmerzen sehr stark
- Tief, bohrend
- Steifigkeit
- Muskelversteifung
- Lumbalgien

- Kalte Extremitäten
- Wärme bessert

Körperschicht: Knochen
Körperregion: Dorsal, Nacken, Rücken, Extremitäten
Puls: langsam
Zunge: blass, feucht, dünner weißlicher Belag

Therapieprinzip

- Kälte eliminieren
- Wärme zuführen – Moxa
- Qi und Blut bewegen
- Leitbahnen durchgängig machen

Punkte

LG 4 (Moxa), 3E 5, Bl 20 (Moxa), Ma 36, Bl 23 (Moxa), Ni 3, Ni 6, Le 3

Nässe (Feuchtigkeit) – Fixiertes Bi

- Schmerzen lokalisiert, tief, dumpf, ziehend
- Paraesthesien
- Taubheit
- Kraftlosigkeit
- »Schwellungsgefühl«, Ödeme

Körperschicht: Muskeln, Bindegewebe
Körperregion: Ventral, Hintere Extremitäten
Puls: schlüpfrig, gleitend
Zunge: breit, weich, blass, feucht, evtl. Zahneindrücke

Therapieprinzip

- Nässe ausleiten
- Qi und Blut bewegen
- Leitbahnen durchgängig machen

Punkte

Di 11, Ma 40, MP 9, KG 9, Gb 34, MP 3, Ma 36, MP 6, Bl 20

Hitze – Fieberhaftes Bi

- Meistens Transformation von Wind, Kälte, Feuchtigkeit in Hitze
- Schmerzcharakter:
- Lokalisation nicht manifestiert
- Brennender Schmerz
- Rötung
- Hitzegefühl
- Fieber
- Blutungen

Puls: schnell
Zunge: rot, gelber Belag

Therapieprinzip

- Hitze eliminieren
- Qi und Blut bewegen
- Leitbahnen durchgängig machen

Punkte

3E 5, Ma 44, Bl 40, Di 4, Erjian (Ohrspitze), MP 6

Chronisches Bi – Knochen-Bi

- (Leere-Syndrom)
- Besonders alte Tiere und Jungtiere betroffen
- Langanhaltende Stagnation von Qi und Blut
- Schleimbildung
- Manifestation in den Knochen, Gelenken (Deformation)
- Muskelatrophie

Therapieprinzip

Beim chronischen Bi-Syndrom ist immer der Funktionskreis Niere betroffen. Daher muss immer der Funktionskreis Niere gestärkt werden. Folgende Pathologien können vorliegen:

- Nieren-Jing-Mangel
- Nieren-Qi-Mangel
- Nieren-Yin-Mangel
- Nieren-Yang-Mangel

Nieren-Jing-Mangel
- Bewegungsstörungen
- Steifigkeit
- Lokalisierte Schmerzen
- Jungtiere: Knochenentwicklungsstörungen: z. B. HD, ED, Panostitis
- Alte Tiere: Spondylosen, Arthrosen, Cauda equina u. a.

Nieren-Qi-Mangel
- Chronische Diskopathien
- Knieprobleme
- Knochendegenerationen
- Allgemeine Schwäche

Puls: tief, schwach, fein
Zunge: blass, weich

Nieren-Yin-Mangel
- Chronisch, besonders alte Tiere betroffen
- Gelenkprobleme
- Arthritis bis Arthrosen
- Spondylosen
- Schmerzen lokalisiert, lumbal, Hinterextremitäten, Knie
- Warme Pfoten
- Wechsel zwischen warmen und kühlen Liegeplätzen
- Schlechter bei Hitze

Puls: tief, schwach, schnell
Zunge: rötlich, evtl. dünner gelblicher Belag

Nieren-Yang-Mangel
- Schmerzen lokalisiert, dumpf
- Steifigkeit
- Kältegefühl Rücken, Extremitäten
- Kälte und Feuchtigkeit verschlechtert
- Wärme bessert (therapeutisch einsetzen: Wärme zuführen – Moxa!)

Puls: tief, fein
Zunge: blass, feucht

3.6 Diagnostik anhand der Hauptmeridiane (Jing Luo)

Die Meridianverläufe geben Hinweise auf die Lokalisation der Störungen.

Lunge	Qian Tai Yin Fei
Dickdarm	Qian Yang Ming Dachang
Magen	Hou Yang Ming Wei Jing
Milz	Hou Tai Yin Pi
Herz	Qian Shao Yin Xin
Dünndarm	Qian Tai Yang Xiao Chang
Blase	Hou Tai Yang Pang Guang
Niere	Hou Shao Yin Shen
Pericard	Qian Jue Yin Xin Bao
Dreifacher Erwärmer	Qian Shao Yang San Jiao
Gallenblase	Hou Shao Yang Dan
Leber	Hou Jue Yin Gan

3.7 Diagnose nach Zang Fu

Bei der Diagnose nach Zang Fu wird die Ursache der Erkrankung in Störungen der Funktionskreise gesucht. Dies kann bei chronischen Prozessen hilfreich sein, bei denen Disharmonien der Organe eine wichtige Rolle spielen.

3.8 Diagnose anhand von Puls, Zunge und Schleimhäuten

Puls

- oberflächlich/tief
- schnell/langsam
- voll/leer
- gespannt/weich

Zunge
- Körper
- Belag
- Gefäße

Schleimhäute
- Farbe
- Feuchtigkeit
- Gefäße

3.9 Diagnose nach den Acht Leitkriterien

- Außen – Innen
- Fülle – Leere
- Hitze – Kälte
- Yang – Yin

3.10 Diagnose nach Wandlungsphasen/Funktionskreisen

- Wasser – Niere/Blase
- Holz – Leber/Gallenblase
- Feuer – Herz/Dünndarm – Pericard/Dreifacher Erwärmer
- Erde – Milz/Magen
- Metall – Lunge/Dickdarm

4 Therapie

4.1 Therapeutische Punkte

4.1.1 Shu-Punkte (transponiert)

Bl 13, Fei Shu (Lunge)

Wirkung: öffnet die Oberfläche, vertreibt äußeren Wind
Indikation: Obstruktion im Meridianverlauf. Beschwerden der kraniomedialen Vorderextremität

Bl 14, Jue Yin Shu (Pericard)

Wirkung: entspannt den Thorax, reguliert und stärkt Herz und Psyche
Indikation: Obstruktion im Meridianverlauf. Beschwerden der medialen Vorderextremität

Bl 15, Xin Shu (Herz)

Wirkung: klärt Hitze, harmonisiert und beruhigt den Geist, reguliert das Herz
Indikation: Obstruktion im Meridianverlauf. Beschwerden der kaudomedialen Vorderextremität

Bl 18, Gan Shu (Leber)

Wirkung: reguliert das Leber-Qi, bewegt stagnierendes Qi und Blut, beseitigt Wind
Indikation: Obstruktion im Meridianverlauf, plötzlich einsetzende Symptome, krampfartige oder wandernde Schmerzen, Rückenschmerzen (diagnostischer Punkt für den Rücken), Lahmheiten (Tendinitis, Myositis), Distorsionen. Beschwerden der medialen Hinterextremität

Bl 19, Dan Shu (Gallenblase)

Wirkung: beseitigt Nässe und Hitze aus den Funktionskreisen Leber und Gallenblase
Indikation: Obstruktion im Meridianverlauf, Hüft- und Kreuzschmerzen, Tendinitis, Myositis. Beschwerden der lateralen Hinterextremität

Bl 20, Pi Shu (Milz)

Wirkung: stärkt die Milz, beseitigt Nässe, stärkt Qi und Blut
Indikation: Obstruktion im Meridianverlauf, Blutleere, Nässebeschwerden, Schmerzen medial am Sprunggelenk, Beschwerden der mediokranialen Hinterextremität

Bl 21, Wei Shu (Magen)

Wirkung: beseitigt Nässe, reguliert das Qi des Magens
Indikation: Obstruktion im Meridianverlauf, Schmerzen lateral am Sprunggelenk, Beschwerden der kraniolateralen Hinterextremität

Bl 22, San Jiao Shu (Dreifacher Erwärmer)

Wirkung: reguliert die Flüssigkeitsumwandlung im Unteren Dreifachen Erwärmer, öffnet die Wasserwege.
Indikation: (Qi-Stau) Obstruktion im Meridianverlauf, in den Vorderextremitäten, steifer Rücken, Beschwerden der lateralen Vorderextremität.

Bl 23, Shen Shu (Niere)

Wirkung: stärkt den Lendenbereich und unterstützt die Knochen, stärkt die Nierenessenz
Indikation: Obstruktion im Meridianverlauf, Arthrose, Arthritis, Kreuz- und Lendenschmerzen, Beschwerden der kaudomedialen Hinterextremität

Bl 25, Da Chang Shu (Dickdarm)

Wirkung: fördert die Funktion des Dickdarms
Indikation: (Beschwerden) Obstruktion im Meridianverlauf, Schmerzen in der Schulter und den Vorderbeinen, Beschwerden der kraniolateralen Vorderextremität

Bl 27, Xiao Chang Shu (Dünndarm)

Wirkung: unterstützt die Funktion des Dünndarms
Indikation: (Beschwerden) Obstruktion im Meridianverlauf, Schmerzen in der Schulter und im Lendenwirbelsäulen- bzw. Ileosakralbereich, Beschwerden der kaudolateralen Vorderextremität

Bl 28, Pang Guang Shu (Blase)

Wirkung: beseitigt Nässe und stärkt den Rücken, reguliert die Blase
Indikation: Obstruktion im Meridianverlauf, Lumbalgie, Beschwerden der kaudalen Hinterextremität

4.1.2 Mu-Punkte (Alarmpunkte)

Lu 1 (Lunge)

Lokalisation: im 1. ICR medial des Tuberculum majus humeri
Indikation: Schmerzen in Schulter, Thorax und Brustwirbelsäule, Ödeme im Gesicht

Le 13 (Milz)

Lokalisation: lateral am Abdomen, am Ende der letzten Rippe
Indikation: Muskelschmerzen, Myositis, wirkt spasmolytisch

Le 14 (Leber)

Lokalisation: seitlich am Brustkorb, im 5. ICR von hinten, auf einer Linie zwischen Schulter und Hüftgelenk
Indikation: Interkostalneuralgien, wirkt spasmolytisch, Leberpathologien

Gb 24 (Gallenblase)

Lokalisation: an der seitlichen Brustwand in Höhe des Übergangs vom knöchernen zum knorpeligen Anteil der Rippen, im 4. ICR von hinten
Indikation: Disharmonien im Meridianverlauf, Flankenschmerzen

4.1.3 Luo-Punkte (Passagepunkte)

Mit Luo-Punkten wird Qi innerhalb eines Meridianpaares umgeleitet. Fülle- und Leerezustände können dadurch ausgeglichen werden.

1. Umlauf: Lu 7/Di 6–Ma 40/MP 4
2. Umlauf: He 5/Dü 7–Bl 58/Ni 4
3. Umlauf: 3E 5/Pc 6–Gb 37/Le 5

4.1.4 Yuan-Punkte (Quellpunkte)

Quellpunkte aktivieren das Ursprungs-Qi (Quell-Qi, Yuan-Qi).

- Lu 9
- Di 4
- Ma 42
- MP 3
- He 7
- Dü 4
- Bl 64
- Ni 3
- 3E 4
- Pc 7
- Gb 40
- Le 3

4.1.5 Fernpunkte

Die Fernpunkte liegen auf gekoppelten Meridianen. Bei akutem Schmerzgeschehen wird i. d. R. kontralateral, bei chronischem Schmerzgeschehen ipsilateral behandelt.

4.1.6 Lokale Punkte

Diese Punkte werden bei chronischem Schmerzgeschehen therapeutisch eingesetzt.

4.1.7 Antike Punkte (Elemente-Punkte)

Antike Punkte liegen zwischen Zehen und Ellenbogen- bzw. Kniegelenk. Sie werden benutzt, um einen Energieausgleich zwischen den Wandlungsphasen herbeizuführen. Jede Hauptleitbahn besitzt fünf Antike Punkte.

Dementsprechend gibt es jeweils einen Holz-, Feuer-, Erd-, Metall- und Wasserpunkt auf jeder Leitbahn.

Praktisches Beispiel: Le 3 ist der Erdpunkt der Leberleitbahn. Er harmonisiert den Funktionskreis Leber, indem er die Energie über den Ko-Zyklus zum Funktionskreis Erde schickt.

Merke: Der erste Punkt auf der Yin-Leitbahn ist immer der Holzpunkt. Die Yang-Leitbahnen beginnen mit dem Metallpunkt.

Yin-Leitbahnen					
	Holz	**Feuer**	**Erde**	**Metall**	**Wasser**
Lunge	Lu 11	Lu 10	Lu 9	Lu 8	Lu 5
Milz	MP 1	MP 2	MP 3	MP 5	MP 9
Herz	He 9	He 8	He 7	He 4	He 3
Niere	Ni 1	Ni 2	Ni 3	Ni 7	Ni 10
Pericard	Pc 9	Pc 8	Pc 7	Pc 5	Pc 3
Leber	Le 1	Le 2	Le 3	Le 4	Le 8

Yang-Leitbahnen					
	Metall	**Wasser**	**Holz**	**Feuer**	**Erde**
Dickdarm	Di 1	Di 2	Di 3	Di 5	Di 11
Magen	Ma 45	Ma 44	Ma 43	Ma 41	Ma 36
Dünndarm	Dü 1	Dü 2	Dü 3	Dü 5	Dü 8
Blase	Bl 67	Bl 66	Bl 65	Bl 60	Bl 40
3 Erwärmer	3E 1	3E 2	3E 3	3E 6	3E 10
Gallenblase	Gb 44	Gb 43	Gb 41	Gb 38	Gb 34

4.1.8 Tingpunkte

Tingpunkte sind Punkte an den Zehen. Bei den Yin-Meridianen ist es der Endpunkt, bei den Yang-Meridianen der Anfangspunkt des jeweiligen Meridians. Hier findet der Wechsel zwischen Yang-Qi und Yin-Qi statt.

vorne	hinten
Lu 11	Ma 45
Di 1	MP 1
He 9	Bl 67
Dü 1	Ni 1
3E 1	Gb 44
Pc 9	Le 1

4.1.9 Meisterpunkte

Meisterpunkte haben eine spezielle Beziehung und besondere Wirkung auf jeweils zugeordnete Körperschichten und Organe. Sie können immer mit in die Therapie einbezogen werden.

Meisterpunkt	Bezug
Bl 11	Knochen
Gb 34	Muskeln und Sehnen
Gb 39	Knochenmark
Bl 17	Blut
KG 17	Atmungsorgane
KG 12	Hohlorgane
Le 13	Speicherorgane
Lu 9	Gefäße

4.1.10 Transponierte Punkte

Di 4

Lokalisation: am medialen Rand des Os metacarpale II
Wirkung: vertreibt Wind und Hitze, öffnet die Körperoberfläche, stabilisiert Wei Qi (Abwehr-Qi)
Indikation: stillt Schmerzen, Beschwerden der Vorderextremität, Radialislähmung, Kiefergelenkarthritis, Facialisparese

Di 10

Lokalisation: distal von Di 11 zwischen M. extensor digitalis communis und M. extensor radialis
Wirkung: stärkt Qi und Blut besonders der Vorderextremität, schmerzhaftes Obstruktionssyndrom
Indikation: Schmerzen und Paresen der gesamten Vorderextremität, Ellenbogenbeschwerden

Di 11

Lokalisation: am lateralen Ende der Ellenbogenfalte
Wirkung: vertreibt Wind, äußere und innere Hitze, löst Nässe auf, kühlt Blut, stärkt Qi und Blut, unterstützt Gelenke und Sehnen
Indikation: Schmerzen und Paresen der Vorderextremität, Ellenbogenbeschwerden

Di 15

Lokalisation: kraniolateral des Buggelenkes, zwischen Acromion und Tuber majus humeri
Wirkung: vertreibt Wind, stärkt Gelenke und Sehnen
Indikation: Schmerzen und Paresen der Schulter und Vordergliedmaße, Nackensteife

Ma 36

Lokalisation: lateral an der Tuberositas tibiae, in einer Vertiefung am Ansatz des M. tibialis cranialis

Wirkung: unterstützt Magen und Milz, stärkt Qi und Blut und den gesamten Körper, stärkt das Nähr- und Abwehr-Qi, vertreibt Wind und Nässe
Indikation: bei allen Leerezuständen (Moxa), Mattigkeit und Kräfteverfall, Paresen und Lähmungen der Hintergliedmaße

MP 6

Lokalisation: medial am Hinterrand der Tibia, etwa zwei Finger breit über dem Sprunggelenk (gegenüber von Gb 39)
Wirkung: stärkt die Milz, Qi und Blut, tonisiert die Niere, beseitigt Nässe, bewegt Blut und beseitigt Blutstasen
Indikation: Schwäche, Müdigkeit, breites Wirkungsspektrum, insbesondere bei Erkrankungen, die mit Nässe und Blutproblemen einhergehen, schmerzstillend

MP 10

Lokalisation: proximal des oberen medialen Patellarandes, auf dem M. quadriceps femoris
Wirkung: stärkt Blut, vertreibt Nässe
Indikation: Kniebeschwerden

He 7

Lokalisation: bei gebeugtem Karpus in der Karpalgelenksfalte
Wirkung: beruhigt Herz und Geist, nährt Herzblut
Indikation: Arthritis im Karpalgelenk, lokale Gelenkbeschwerden

Dü 3

Lokalisation: lateral, proximal des Bandhöckers des Os metacarpale V
Wirkung: vertreibt Wind und Nässe, unterstützt die Sehnen, öffnet das Du Mai (LG) und vertreibt Wind aus dem Du Mai, psychisch stabilisierend
Indikation: Schmerzen im Ellenbogen und in der Schulter, Beschwerden im Hals- und Nackenbereich, wirkt spasmolytisch, beeinflusst die gesamt Wirbelsäule bei akuten und chronischen Problemen

Bl 10

Lokalisation: auf dem Atlasflügel, am Rand des M. cleidocervicalis
Wirkung: vertreibt äußeren und inneren Wind, beseitigt Obstruktionen der Leitbahn, stärkt den Rücken
Indikation: Schulterschmerzen, Nackensteife, Fernpunkt für akute Rückenschmerzen

Bl 17

Lokalisation: auf dem Blasenmeridian im 4. ICR, von kaudal gezählt
Wirkung: reguliert und bewegt Blut, löst Stauungen
Indikation: Rückenbeschwerden, Blutstasen

Bl 26

Lokalisation: lateral des 6. Lendenwirbels auf dem Blasenmeridian
Wirkung: Kniepunkt
Indikation: Kniebeschwerden, Lumbalgien

Bl 62

Lokalisation: in einer Vertiefung unterhalb des Malleolus lateralis
Wirkung: schaltet das Yang-Fersengefäß ein, leitet inneren Wind aus
Indikation: Schmerzen in Sprunggelenk, Rücken und Schulter

Ni 3

Lokalisation: auf der Mitte der Verbindungslinie zwischen Malleolus medialis und der Achillessehne (gegenüber von Bl 60)
Wirkung: nährt die Niere, tonisiert die Essenz
Indikation: Kältekrankheiten, holt die Energie hoch bei Schwäche in den Hintergliedmaßen

Ni 6

Lokalisation: in einer Vertiefung unterhalb des Malleolus medialis
Wirkung: öffnet das Yin-Fersengefäß, stärkt das Nieren-Yin, nährt Körperflüssigkeiten, kühlt Blut und Hitze, beruhigt den Geist
Indikation: Schmerzen, Schwellungen und Entzündungen im Sprunggelenk

3E 5

Lokalisation: im unteren Viertel des lateralen Unterarmes, hinter dem Radiusrand, zwischen M. ext. digitalis lateralis und M. ext. digitalis communis (gegenüber von Pc 6)
Wirkung: öffnet das Yang-Verbindungsgefäß, beseitigt Leitbahnobstruktionen, vertreibt alle exogenen pathogenen Faktoren, befreit die Oberfläche, unterstützt das Ohr, unterdrückt das Leber-Yang
Indikation: Gelenkbeschwerden, Paresen der Vorderextremität, Rotationsstörungen der Halswirbelsäule, Schulterlahmheit

Pc 6

Lokalisation: medial an der Vordergliedmaße, zwischen Radius und Ulna, im unteren Viertel (gegenüber von 3E 5)
Wirkung: öffnet das Yin-Verbindungsgefäß, beruhigt den Geist, bewegt Qi und Blut im Thorax, harmonisiert den Magen, bewegt Leber-Qi und reguliert den Kreislauf
Indikation: Karpitis, Kreislaufschwäche, Unruhe, löst Angst

Gb 20

Lokalisation: in einer Vertiefung zwischen Occiput und kranialem Rand des Atlasflügels
Wirkung: vertreibt äußeren und inneren Wind, beseitigt Wind-Hitze und Wind-Kälte, unterstützt die Augen und Ohren, unterdrückt Leber-Yang
Indikation: Paresen, Spasmen

Gb 30

Lokalisation: dorsokaudal des Trochanter major
Wirkung: zerstreut Wind, macht die Leitbahn frei
Indikation: Schmerzen und Paresen der Hintergliedmaße, Ischialgie, Beschwerden im Hüftgelenk

Gb 34

Lokalisation: in einer Vertiefung zwischen Tibia und Fibula, kranial und distal des Caput fibulae
Wirkung: harmonisiert Leber-Qi, eliminiert Wind, Feuchtigkeit und Hitze
Indikation: entspannt die Sehnen und Muskeln, reguliert und festigt den Bewegungsapparat

Gb 41

Lokalisation: unterhalb des Sprunggelenkes, zwischen Os metatarsale IV und V (gegenüber von Le 3)
Wirkung: öffnet das Gürtelgefäß, harmonisiert den Leber-Qi-Fluss, leitet feuchte Hitze aus
Indikation: Stauungen der Hinterextremität, Spasmen und Paresen

Le 3

Lokalisation: distal des Tarsalgelenkes, am medialen Rand des Os metatarsale II auf Höhe von Gb 41
Wirkung: leitet inneren und äußeren Wind aus, harmonisiert Leber-Qi, kühlt Blut und senkt das Leber-Yang
Indikation: stark spasmolytische Wirkung, Krämpfe

LG 3

Lokalisation: über dem Spatium lumbosacrale
Wirkung: stärkt und wärmt den Rücken und die Hinterextremität, tonisiert Yang
Indikation: Probleme der Hintergliedmaße, Lumbalgie

LG 4

Lokalisation: zwischen dem Proc. spinosus des 2. und 3. Lendenwirbels, dorsal von Bl 23
Wirkung: tonisiert das Urspungs-Qi und Nieren-Yang, vertreibt Kälte
Indikation: Probleme der Hintergliedmaße, Lumbalgie

LG 20

Lokalisation: in der Medianen, auf dem höchsten Punkt des Schädels, auf Höhe der hinteren Ohrmuschelansätze
Wirkung: tonisiert das Yang, beruhigt den Geist, stärkt die aufsteigende Funktion der Milz, leitet inneren Wind aus

4.1.11 Traditionelle Punkte

Qiang Feng

Lokalisation: in einer Vertiefung zwischen M. deltoideus und M. triceps brachii
Indikation: Qi-Blockaden der Schulter und der Vordergliedmaße

Bashen

Lokalisation: in der Mitte der Strecke Bai Hui (LG 3) und Trochanter major
Indikation: Schmerzen und Verspannungen im Bereich der Hüfte und der Hintergliedmaße

Bai Hui

Lokalisation: Foramen lumbosacrale
Indikation: Schmerzen und Verspannungen im Bereich der Hüfte und der Hintergliedmaße

Huanzhong

Lokalisation: in der Mitte zwischen Tuber coxae und Tuber ischiadicum
Indikation: Schmerzen im Bereich der Lende und Hüfte

Yin Tang

Lokalisation: median auf der Stirn, auf Höhe des oberen Orbitalrandes
Wirkung: beseitigt Wind und beruhigt den Geist

Huantiao

Lokalisation: kranial des Trochanter femoris
Indikation: Schmerzen im Bereich der Lende und Hüfte

Huanhou

Lokalisation: kaudal des Trochanter femoris
Indikation: Schmerzen im Bereich der Lende und Hüfte

Dakua

Lokalisation: kraniodistal des Trochanter femoris
Indikation: Schmerzen im Bereich der Lende und Hüfte

Huatuo

Lokalisation: in den Intervertebralspalten der Halswirbelsäule bis Lendenwirbelsäule zwischen Dornfortsätzen und Innerem Blasenmeridian
Indikation: akute Schmerzen der Wirbelsäule

Baxie

Lokalisation: in den Schwimmhäuten der Vorderextremitäten
Indikation: Schmerzen, Obstruktionssyndrome der Vorderpfoten

Bafeng

Lokalisation: in den Schwimmhäuten der Hinterextremitäten
Indikation: Schmerzen, Obstruktionssyndrome der Hinterpfoten

4.1.12 Acht Außerordentliche Gefäße

Die Acht Außerordentlichen Gefäße **zirkulieren speziell** Jing (Essenz) und versorgen größere Körperareale. Sie werden zur Therapie chronischer Disharmonien und speziell bei Entwicklungsstörungen benutzt. **Sie sind paarweise gekoppelt** und können durch bestimmte Punkte geöffnet werden.

Gefäß (Meridian)	Öffner
Du Mai (Lenkergefäß)	Dü 3
Ren Mai (Konzeptionsgefäß)	Lu 7
Chong Mai (Penetrationsgefäß)	MP 4
Dai Mai (Gürtelgefäß)	Gb 41
Yang Ciao Mai (Yang-Fersengefäß)	Bl 62
Yin Ciao Mai (Yin-Fersengefäß)	Ni 6
Yang Wei Mai (Bewahrer des Yang)	3E 5
Yin Wei Mai (Bewahrer des Yin)	Pc 6

5 Fallbeispiele

Fall 1

Sabine Gosch

Vorbericht

Dackel-Mix, 9 Jahre, mit spastischer Tetraplegie nach heftigem Spielen mit einem großen Hund. Der Zwischenzehenreflex ist hinten nicht auslösbar, vorne ist er schwach.

Untersuchung nach TCVM

Diagnose durch Augenschein

Der Rüde ist in Seitenlage und hat kein Stehvermögen. Trotz des Zustandes scheinen die Schmerzen erträglich zu sein. Die Schleimhäute sind rötlich.

Betastung

- Schmerzpunkte: Gb 26 (diagnostischer Punkt für einen Stau im Gürtelgefäß)
- Shu-Punkte: Der gesamte Blasenmeridian ist druckdolent, insbesondere die Shu-Punkte Bl 18 (Leber), Bl 19 (Gallenblase), Bl 23 (Niere) und Bl 28 (Blase)
- Puls: Der Puls ist oberflächlich, schnell und gespannt

Welche Störung liegt vor?

Eindringen des Exogenen Pathogenen Faktors Wind mit Qi- und Blutstau.

Warum?

Die Erkrankung ist plötzlich aufgetreten, sowohl Spasmen als auch Lähmungen sind »Winderkrankungen«.

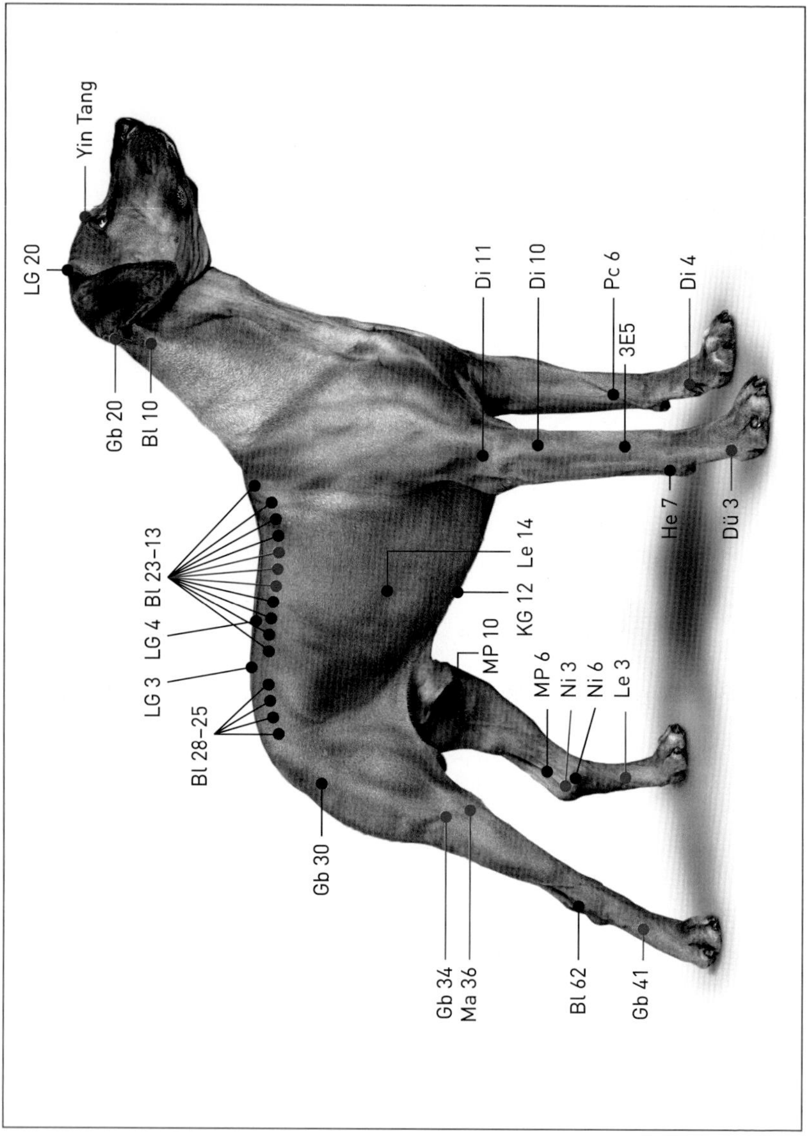
Yin Tang
LG 20
Gb 20
Bl 10
Di 11
Di 10
Pc 6
3E5
Di 4
He 7
Dü 3
Bl 23–13
LG 4
LG 3
Bl 28–25
Le 14
KG 12
MP 10
MP 6
Ni 3
Ni 6
Le 3
Gb 30
Gb 34
Ma 36
Bl 62
Gb 41

Therapie

Therapieprinzip

Wind ausleiten, Qi und Blut bewegen

Punktauswahl

- **Gb 41** – öffnet das Gürtelgefäß und harmonisiert den Leber-Qi-Fluss
- **Bl 10** – beseitigt Obstruktionen der Leitbahn, und stärkt den Rücken, außerdem vertreibt er äußeren und inneren Wind
- **Bl 18** – der Zustimmungspunkt der Leber bewegt stagnierendes Qi und Blut, reguliert das Leber-Qi und beseitigt Wind
- **Bl 19** – der Zustimmungspunkt der Gallenblase beseitigt Nässe und Hitze aus Leber und Gallenblase
- **Le 3** – harmonisiert Leber-Qi und leitet inneren und äußeren Wind aus, außerdem senkt er das Leber-Yang
- **Di 4** – vertreibt Wind und Hitze und beseitigt Leitbahnobstruktionen, wirkt schmerzlindernd
- **Gb 20** – vertreibt äußeren und inneren Wind, beseitigt Wind-Hitze und Wind-Kälte und unterdrückt Leber-Yang
- **Bl 17** – der Meisterpunkt des Blutes reguliert und bewegt Blut und löst Stauungen
- **Gb 34** – harmonisiert das Leber-Qi und eliminiert Wind, Feuchtigkeit und Hitze
- **Dü 3** – öffnet das Lenkergefäß, hat eine gute spasmolytische Wirkung
- **Yin Tang** – eliminiert Wind und beruhigt den Geist
- **Ma 36** – stärkt Qi und Blut, den gesamten Körper und das Nähr- und Abwehr-Qi, allgemein roborierender Punkt

Erläuterungen

Die Punkte wurden nicht gleichzeitig behandelt. Je nach Symptomatik wurde eine Auswahl der Punkte genommen.

Bei den ersten beiden Behandlungen war Gb 26 druckdolent, deshalb wurde das Gürtelgefäß beide Male mit Gb 41 entstaut. Bei schweren Störungen ist es möglich, dass das geöffnete Gürtelgefäß sich wieder schließt bzw. die Energie sich erneut staut. Spätestens nach dem dritten Öffnen sollte es aber offen bleiben, d. h. Gb 26 sollte nicht mehr druckdolent sein, sonst muss nach einer anderen Ursache für den neuerlichen Stau gesucht werden.

Verlauf

Die ersten beiden Behandlungen wurden im Abstand von zwei Tagen durchgeführt. Danach wurde das Behandlungsintervall auf vier bis fünf Tage, später auf eine Woche ausgedehnt, da sich die Symptomatik kontinuierlich besserte. Insgesamt bekam der Hund sieben Akupunkturbehandlungen, danach war Beschwerdefreiheit erreicht. Die gewählte Punktekombination wurde bei den beiden letzten Behandlungen dahingehend geändert, dass statt Bl 18 und Gb 34 die Punkte Bl 23 und Ni 3 behandelt wurden, da mit zunehmendem Alter das Nieren-Jing (die Nieren-Essenz) abnimmt. Mit der Stärkung des Funktionskreises Niere kann möglicherweise einem Rückfall vorgebeugt werden.

In diesem Fall war ein Trauma die Ursache der Erkrankung. Durch Ausleiten des Exogenen Pathogenen Faktors Wind und Stärkung des Funktionskreises Leber konnte eine Heilung erzielt werden.

Fall 2

Sabine Gosch

Vorbericht

DSH-Hündin, 10 Jahre, mit ausgeprägter Schwäche der Hintergliedmaße, bekannte Hüftgelenksdysplasie.

Untersuchung nach TCVM

Diagnose durch Augenschein

Die Hündin ist sehr schlank, die Muskulatur der Hintergliedmaße leicht atrophisch. Ansonsten ist sie munter und lebhaft. Das Haarkleid ist stumpf, die Schleimhäute blassrot.

Befragung der Patientenbesitzer

Die Hündin wurde als Welpe beim Züchter gekauft, sie verträgt sich gut mit anderen Hunden und ist Menschen gegenüber freundlich. Die Läufigkeit verlief immer unauffällig, die Abstände dazwischen betragen mindestens neun Monate. Sie hat immer gern und schnell gelernt. In letzter Zeit hat ihr Hörvermögen nachgelassen und sie liegt gern an der Heizung. Die Besitzer füttern seit zwei Jahren Muschelextrakt, zwischendurch bekommt sie Schmerzmittel, die sie jedoch nicht gut vertragen hat.

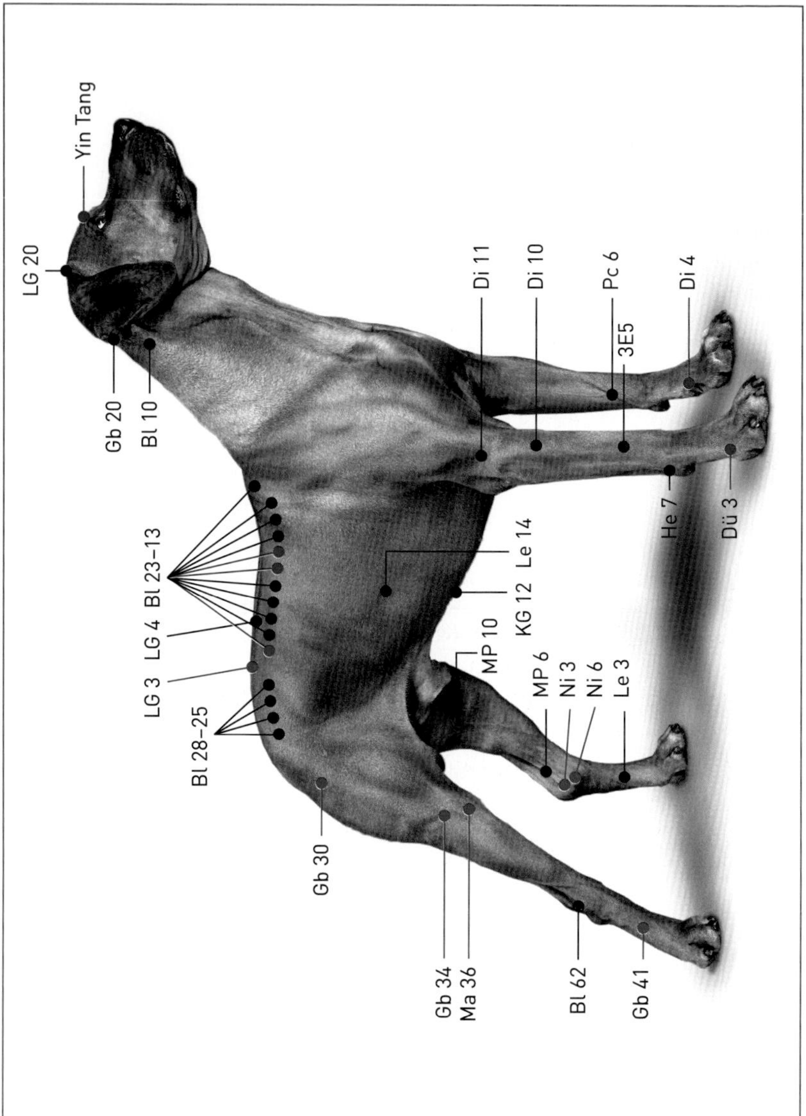
Yin Tang
LG 20
Gb 20
Bl 10
Di 11
Di 10
Pc 6
Di 4
3E5
He 7
Dü 3
Bl 23–13
LG 4
LG 3
Le 14
KG 12
MP 10
MP 6
Ni 3
Ni 6
Le 3
Bl 28–25
Gb 30
Gb 34
Ma 36
Bl 62
Gb 41

Betastung

Die Hündin reagiert auf die körperliche Kontaktaufnahme freundlich und interessiert, sie fühlt sich eher kühl an, besonders an den Gliedmaßen.

- Schmerzpunkte:
  - Gb 20 (diagnostischer Punkt für das kontralaterale Hüftgelenk), beidseits druckdolent
  - Gb 26 (diagnostischer Punkt für einen Stau im Gürtelgefäß), beidseits druckdolent
  - Bl 17
- Shu-Punkte: Bl 23 (Niere), Bl 18 (Leber)
- Puls: Der Puls ist schwach und langsam

Welcher Funktionskreis ist hauptsächlich betroffen?

Niere

Warum?

Die Knochen sind die dem Funktionskreis Niere zugeordnete Körperschicht. Bei Erkrankungen der Knochen ist oft dieser Funktionskreis betroffen. Auch das bereits nachlassende Hörvermögen bei einem Hund in diesem Alter lässt auf eine Schwäche der Niere schließen. Die Niere reagiert besonders empfindlich auf den Exogenen Pathogenen Faktor Kälte, deshalb frieren diese Tiere leicht und suchen die Wärme, oft nehmen die Beschwerden im Winter zu. Die Geschlechtsorgane sind ebenfalls diesem Funktionskreis zugeordnet. Deshalb können bei einem gestörten Funktionskreis Niere auch Zyklusstörungen auftreten.

Therapie

Therapieprinzip

Funktionskreis Niere stärken, Wärme zuführen

Punktauswahl

- **Gb 41** – öffnet das Gürtelgefäß, harmonisiert Leber Qi-Fluss, leitet feuchte Hitze aus
- **Bl 23** – fördert die Nierenessenz, unterstützt Ohren und Knochen, stärkt den Lendenbereich
- **LG 3** – tonisiert das Ursprungs-Yuan-Qi, stärkt und wärmt den Rücken und die Hinterextremität, tonisiert Yang
- **Gb 30** – zerstreut Wind, macht die Leitbahn frei
- **Bl 17** – Meisterpunkt des Blutes, er reguliert und bewegt Blut und löst Stauungen
- **Bl 18** – beseitigt Wind und bewegt Qi und Blut
- **Ni 3** – nährt die Niere, tonisiert Essenz, reguliert die Uterusfunktion, stärkt die Lumbalregion und das Knie
- **Ni 6** – stärkt das Nieren-Yin, nährt Körperflüssigkeiten
- **Gb 34** – Meisterpunkt der Sehnen, er harmonisiert das Leber-Qi und eliminiert Wind
- **Dü 3** – vertreibt Wind und Nässe, unterstützt die Sehnen, öffnet das Lenkergefäß (LG), vertreibt Wind aus dem LG
- **Yin Tang** – eliminiert Wind
- **Ma 36** – stärkt Qi und Blut und den gesamten Körper, allgemein roborierender Punkt
- **Di 4** – vertreibt Wind und Hitze und beseitigt Leitbahnobstruktionen, wirkt schmerzlindernd

Erläuterungen

Die Punkte wurden nicht gleichzeitig behandelt. Je nach Symptomatik wurde eine Auswahl der Punkte genommen.
Bei den ersten beiden Behandlungen wurde LG 3 gemoxt, um Wärme zuzuführen.

Verlauf

Insgesamt wurden vier Behandlungen im Abstand von zehn Tagen, zwei und vier Wochen durchgeführt. Nach der ersten Behandlung ging es der Hündin viel besser, die Hintergliedmaßen waren wesentlich stabiler. Bei der dritten Vorstellung erzählten die Besitzer, ihr Hund wäre in einem unbeobachteten Moment auf die Küchenbank gesprungen und hätte das Abendbrot gefressen. Bei der vorerst letzten Behandlung war die Hündin vollkommen beschwerdefrei und sprang auch wieder ins Auto.

Trotz des sehr schlechten Gangbildes konnte in diesem Fall eine völlige Symptomfreiheit für eine Dauer von knapp zwei Jahren erreicht werden. Bei Wiederauftreten der Beschwerden wurden noch einmal sechs Akupunkturbehandlungen durchgeführt, deren Wirkung ein Jahr anhielt. Möglicherweise hing der Therapieerfolg damit zusammen, dass die Hündin bei Therapiebeginn in einem Alter war, in dem die Regulationsfähigkeit des Körpers i. d. R. noch relativ groß ist und die Selbstheilungskräfte gut funktionierten.

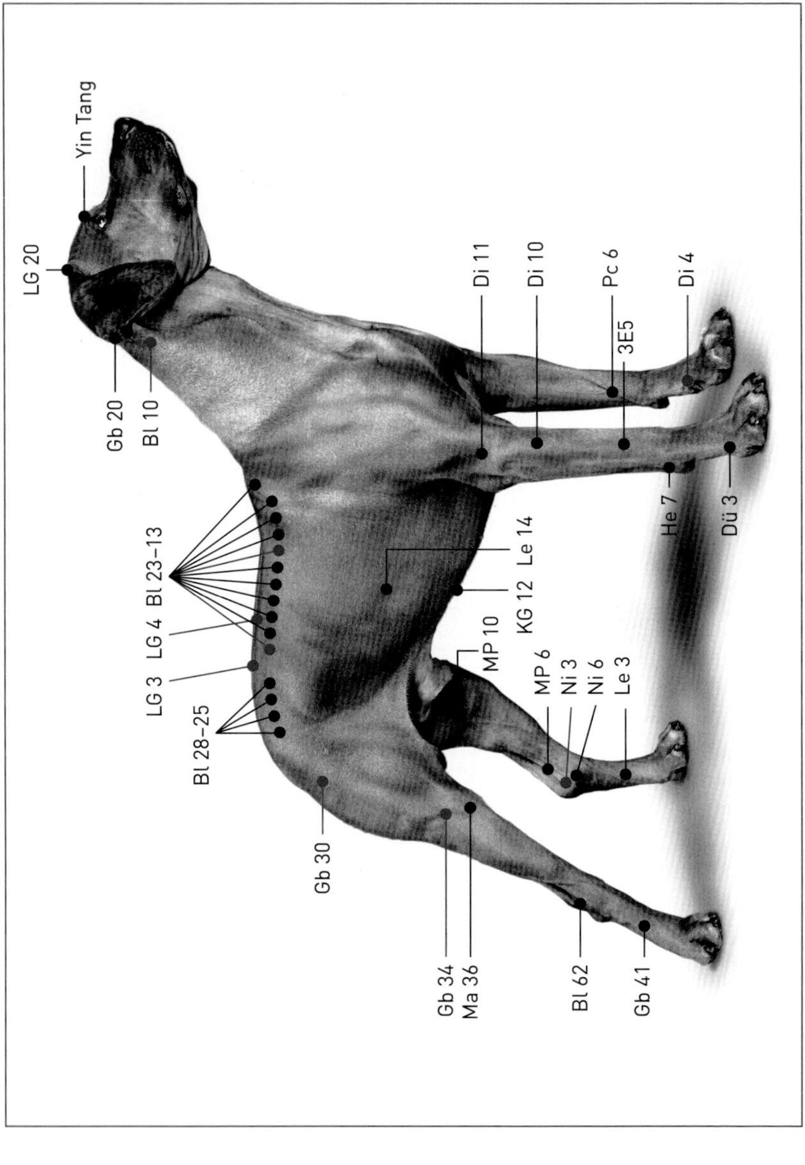
Yin Tang
LG 20
Gb 20
Bl 10
Di 11
Di 10
Pc 6
3E5
Di 4
He 7
Dü 3
Bl 23–13
LG 4
LG 3
Bl 28–25
Le 14
KG 12
MP 10
MP 6
Ni 3
Ni 6
Le 3
Gb 30
Gb 34
Ma 36
Bl 62
Gb 41

Fall 3

Sabine Gosch

Vorbericht

Labrador-Retriever-Hündin, 3½ Jahre, mit mittelgradiger HD, die vor zwei Jahren röntgenologisch festgestellt wurde.

Untersuchung nach TCVM

Diagnose durch Augenschein

Die Hündin ist für ihr Alter und ihre Rasse recht ruhig, sie bewegt sich vorsichtig. Abgesehen davon sind keine auffälligen Veränderungen festzustellen.

Befragung der Patientenbesitzer

Die Hündin wurde im Alter von neun Monaten übernommen, die Aufzucht war sehr schlecht, bei der Übernahme war sie mager und ungepflegt, kam aus einer »Massenproduktion«.

Die Hündin hat, besonders im Winter, Probleme beim Aufstehen und beim Laufen, es sind dann nur kurze Spaziergänge möglich. Sie ist eher ein ängstlicher Hund, fürchtet sich insbesondere vor lauten Geräuschen.

Betastung

Die Hündin lässt die Untersuchung fast desinteressiert über sich ergehen. Die Palpation ergab keine druckdolenten Punkte.

Welcher Funktionskreis ist hauptsächlich betroffen?

Niere

Warum?

Die Beschwerden verschlimmern sich im Winter, die Hündin ist ängstlich und fürchtet sich besonders vor Geräuschen – die Ohren sind die dem Funktionskreis Niere zugeordneten Sinnesorgane. Die Knochen sind ebenfalls diesem Funktionskreis zugeordnet.

Therapie

Therapieprinzip

Funktionskreis Niere stärken, Wärme zuführen, Blut bewegen.

Punktauswahl

- **LG 3** – zur Stärkung und Wärmung des Rückens, er tonisiert das Yang und das Ursprungs-Yuan-Qi
- **Ni 3** – zur Stärkung der Lumbalregion, er nährt die Niere und tonisiert Essenz
- **Gb 34** – der Meisterpunkt der Sehnen reguliert und festigt den Bewegungsapparat
- **Gb 30** – er macht die Leitbahn frei und ist ein wirkungsvoller Punkt bei Beschwerden des Hüftgelenkes
- **Bl 23** – fördert die Nierenessenz, unterstützt Ohren und Knochen und stärkt den Lendenbereich
- **LG 4** – allgemeiner Tonisierungspunkt des Yang, er vertreibt Kälte und erreicht das Ursprungs-Qi
- **Bl 17** – der Meisterpunkt des Blutes reguliert und bewegt Blut und löst Stauungen
- **Di 4** – zur Schmerzlinderung
- **Bl 10** – beseitigt Obstruktionen der Leitbahn und stärkt den Rücken

Erläuterungen
Die Punkte wurden nicht gleichzeitig behandelt. Je nach Symptomatik wurde eine Auswahl der Punkte genommen.

Verlauf
Die zweite Behandlung wurde nach zehn Tagen durchgeführt, die Hündin war zu diesem Zeitpunkt fast beschwerdefrei. Eine dritte Behandlung fand nicht statt, da die Hündin sie nicht mehr tolerierte. Seitdem sind keine Beschwerden mehr aufgetreten.

Bei dieser Hündin war der Funktionskreis Niere geschwächt, wohl auch durch die schlechte Aufzucht. Ziel der Therapie war es, diesen Funktionskreis zu stärken und dadurch die Hüftprobleme zu beeinflussen. Dieses gelang schnell und gut, was sich auch darin zeigte, dass die Hündin die Akupunktur nicht mehr tolerierte.

5

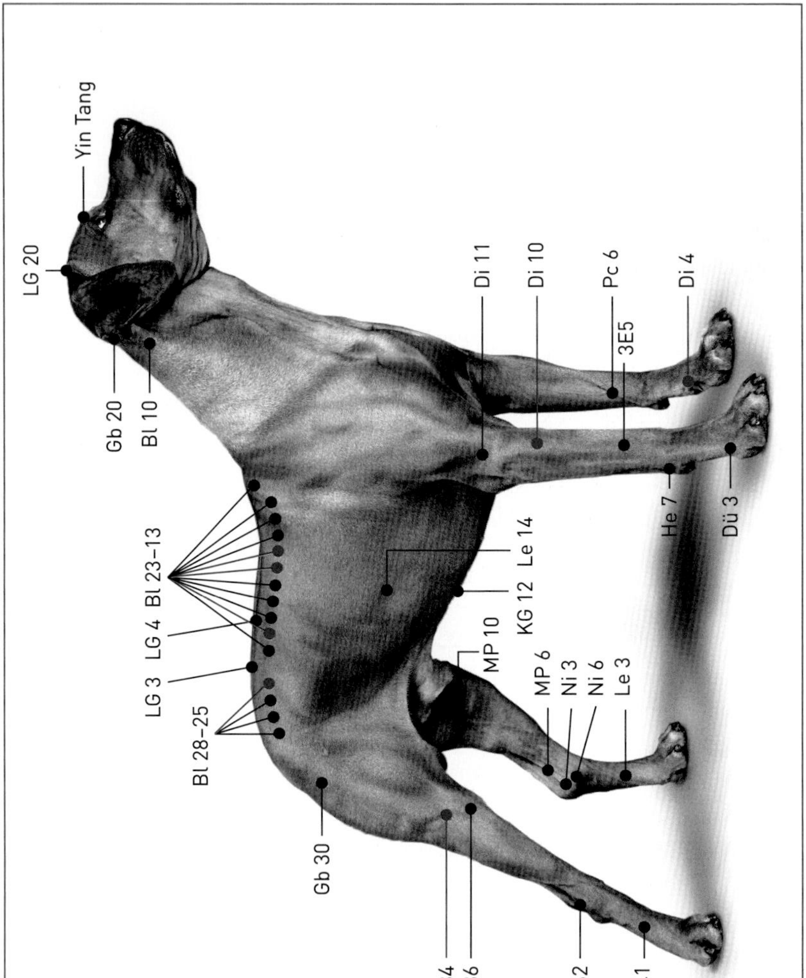
Yin Tang
LG 20
Gb 20
Bl 10
Di 11
Di 10
Pc 6
3E5
Di 4
He 7
Dü 3
Bl 23–13
LG 4
LG 3
Bl 28–25
Le 14
KG 12
MP 10
MP 6
Ni 3
Ni 6
Le 3
Gb 30
Gb 34
Ma 36
Bl 62
Gb 41

Fall 4

Sabine Gosch

Vorbericht

Berner Sennenhund, Rüde, 4 Jahre, lahmt seit einem knappen halben Jahr vorne links.

Schulmedizinische Behandlung

Der Hund zeigt bei der Erstuntersuchung eine mittelgradige Lahmheit, es sind keine Schmerzreaktionen auslösbar. Gabe von Metacam®, welches keinerlei Wirkung zeigt. Es werden Röntgenaufnahmen des Karpal- und Ellenbogengelenkes angefertigt. Diese zeigen keinen besonderen Befund. Einige Wochen später verstärkt sich die Lahmheit.

Blutentnahme: IGM erhöht, IGG erniedrigt, sonst keine Veränderungen.

Gabe von Doxycyclin® – keine Besserung. Der Hund bekommt in den folgenden Wochen nacheinander Depot-Medrate® und nichtsteroidale Antiphlogistika ohne sichtbare Wirkung.

Danach erneute Blutentnahme: Rheumafaktoren negativ, IGM und IGG unverändert. Es wird ein Szintigramm durchgeführt, bei dem eine schwache Anreicherung im linken Ellenbogengelenk festgestellt wird. Darauf hin erhält der Hund eine lokale Cortisoninjektion, die Lahmheit bleibt unverändert mittel- bis hochgradig.

Untersuchung nach TCVM

Diagnose durch Augenschein

Der Rüde ist lebhaft und aufmerksam, abgesehen von der mittelgradigen Lahmheit vorne links sind keine Abweichungen von der Norm festzustellen. Das Fell glänzt, der Hund macht nicht den Eindruck, als hätte er Schmerzen. Die Schleimhäute sind rosarot.

Befragung der Patientenbesitzer

Es sind keine auffälligen Veränderungen festzustellen. Die Lahmheit hat ohne erkennbare Ursache begonnen und ist gleichbleibend. Der Hund läuft sich weder ein, noch lahmt er bei fortgesetzter Bewegung stärker. Zum Zeitpunkt der Vorstellung werden keine Medikamente gegeben, da sie keine Besserung brachten.

Betastung

Auf körperliche Kontaktaufnahme reagiert der Rüde freundlich.

- Schmerzpunkte: Es sind keine Schmerzpunkte auffindbar
- Shu-Punkte: Bl 25 (Dickdarm)

Welcher Funktionskreis ist betroffen?

Dickdarm

Warum?

Der Zustimmungspunkt Bl 25 ist druckdolent und die Ursache der Lahmheit im Meridianverlauf zu vermuten.

Diagnose nach TCVM

Qi-Stau im Dickdarmmeridian

Welche Differenzialdiagnosen kommen in Frage?

Qi-Stau im Dreifachen Erwärmer, weil die Ursache der Lahmheit auch im Meridianverlauf des Dreifachen Erwärmers liegen könnte.

Therapie

Therapieprinzip

Meridianstau lösen

Punktauswahl

- **Bl 17** – der Meisterpunkt des Blutes reguliert und bewegt Blut und löst Stauungen
- **Bl 18** – der Zustimmungspunkt der Leber ist auch gleichzeitig ein diagnostischer und ein therapeutischer Punkt für Rückenbeschwerden
- **Bl 22** – der Zustimmungspunkt des Dreifachen Erwärmers beseitigt einen Qi-Stau in den Vorderextremitäten
- **Bl 25** – der Zustimmungspunkt des Dickdarms fördert die Funktion des Dickdarms und kann bei Schulter-Arm-Syndrom angewendet werden
- **Di 4** – beseitigt Leitbahnobstruktionen, vertreibt Wind und Hitze und öffnet die Körperoberfläche
- **Di 10** – stärkt Qi und Blut, besonders der Vorderextremität
- **Gb 34** – der Meisterpunkt der Sehnen reguliert und festigt den Bewegungsapparat

Erläuterungen

Die Punkte wurden nicht alle gleichzeitig behandelt. Je nach Symptomatik wurde eine Auswahl der Punkte genommen.

Verlauf

Insgesamt wurden fünf Akupunkturbehandlungen durchgeführt. Nach den ersten beiden Behandlungen war nur noch eine leichte Lahmheit festzustellen. Danach verschwand die Lahmheit ganz. Bei der vierten Behandlung erzählten die Besitzer, der Rüde würde manchmal am Ende des Spaziergangs wieder leicht lahmen. Da das letzte Stück des Weges zum Haus hin steil bergab führte, wurde angenommen, dass ein Rückenproblem die Ursache dafür sein könnte. Deshalb wurde Bl 18 behandelt. Danach war die Lahmheit völlig verschwunden und ist auch nie wieder aufgetreten.

Bei diesem Fall konnte trotz bisheriger Therapieresistenz ein Erfolg erreicht werden. Der entscheidende Hinweis, dass der Rüde am Ende des Spaziergangs lahmte, wurde richtig als Rückenproblem gedeutet und somit erfolgreich behandelt. Bei der ersten Befragung hatten die Besitzer angegeben, dass sich die Lahmheit bei länger andauernder Belastung nicht verändert. Eine Besserung der Beschwerden würde für einen Qi-Stau sprechen, der sich durch Bewegung löst, eine Verschlechterung würde auf einen Leere-Zustand hinweisen.

Fall 5

Sabine Gosch

Vorbericht

Boxerhündin, 8 Jahre, mit Arthrose im linken Knie. Die Hündin hatte vor zwei Jahren eine Kreuzband-OP, danach entwickelte sich eine Arthrose.

Untersuchung nach TCVM

Diagnose durch Augenschein

Die Hündin ist lebhaft und aufmerksam, das Fell glänzt. Hinten links besteht eine geringgradige Lahmheit.

Befragung der Patientenbesitzer

Die Lahmheit war erstmals im Winter bei feuchter Kälte aufgetreten. Zunächst sprach die Hündin gut auf die Behandlung mit Schmerzmitteln an. Später ließ die Wirkung nach und es traten auch Unverträglichkeiten auf. Zum Zeitpunkt der Vorstellung wurden keine Medikamente gegeben, weil sie entweder nicht wirkten oder nicht vertragen wurden.

Betastung

Die Hündin reagiert sehr freundlich und interessiert auf die körperliche Kontaktaufnahme. Die Körperoberfläche ist warm, die Gliedmaßen sind etwas kühler.

- Schmerzpunkte: Bl 26 links, Bl 17
- Shu-Punkte: Bl 23

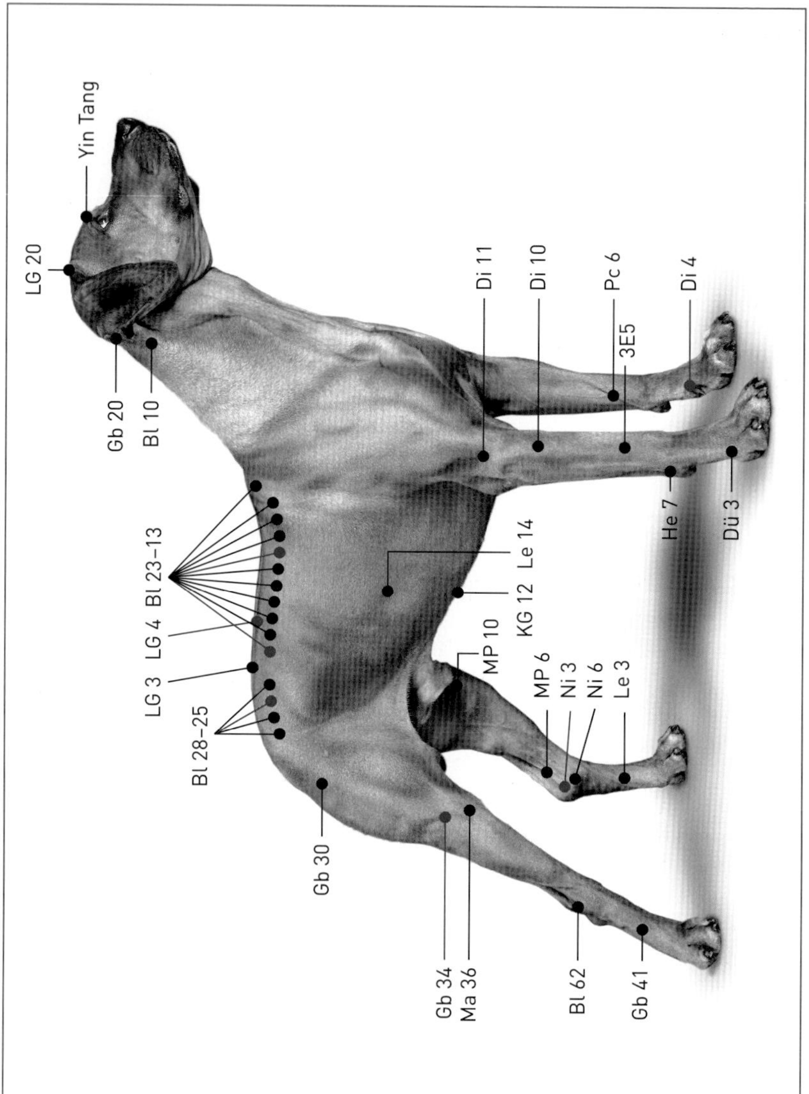
Yin Tang
LG 20
Gb 20
Bl 10
Di 11
Di 10
Pc 6
Di 4
3E5
He 7
Dü 3
Bl 23–13
LG 4
LG 3
Bl 28–25
Le 14
KG 12
MP 10
MP 6
Ni 3
Ni 6
Le 3
Gb 30
Gb 34
Ma 36
Bl 62
Gb 41

Welcher Funktionskreis ist betroffen?

Niere

Warum?

Die Lahmheit hat im Winter begonnen. Sie verschlimmert sich bei kaltem Wetter. Kälte ist der Pathogene Faktor, der schadet. Hier liegt eine Nieren-Yang-Leere vor, sodass das Nieren-Yang gestützt werden sollte.

Welche Differenzialdiagnosen kommen in Frage?

In diesem Fall ist die Diagnose so eindeutig, das keine Differenzialdiagnosen in Betracht kommen.

Therapie

Therapieprinzip

Funktionskreis Niere und dadurch das Knie stärken.

Punktauswahl

- **Ni 3** – nährt die Niere und tonisiert Essenz, außerdem stärkt er die Lumbalregion und das Knie (Moxa)
- **Bl 23** – fördert die Nierenessenz, unterstützt die Knochen und stärkt den Lendenbereich
- **Bl 26** – diagnostischer und therapeutischer Kniepunkt
- **Bl 17** – der Meisterpunkt des Blutes löst Stauungen und reguliert und bewegt Blut
- **Gb 34** – der Meisterpunkt der Sehnen reguliert und festigt den Bewegungsapparat
- **Di 4** – zur Schmerzlinderung
- **LG 4** – tonisiert das Nieren-Yang, vertreibt Kälte (Moxa)

Verlauf

Insgesamt wurden vier Akupunkturbehandlungen durchgeführt, die ersten beiden im Abstand von einer Woche, später wurden die Behandlungsintervalle auf zwei bzw. drei Wochen ausgedehnt. Danach war die Hündin dauerhaft lahmfrei.

Hier war es möglich, trotz röntgenologisch nachgewiesenen arthrotischen Veränderungen eine dauerhafte Beschwerdefreiheit zu erreichen. In ähnlich gelagerten Fällen kann es ratsam sein, regelmäßig im Abstand von etwa vier bis acht Wochen eine Akupunkturbehandlung durchzuführen, um den erreichten Zustand zu stabilisieren.

Fall 6

SABINE GOSCH

Vorbericht

Dackelmix-Hündin, 13 Jahre, mit Patellaluxation rechts.
Die Hündin kam schreiend vor Schmerzen und auf drei Beinen in die Praxis, in der ich als Praxisvertretung tätig war. Es war nicht möglich, die Patella ohne Sedation zu reponieren. Anhand der Karteikarte konnte ich sehen, dass der Praxisinhaber die Hündin vorher schon zweimal sedieren musste, um die Patella zu reponieren. Als ich den Patientenbesitzern mitteilte, dass wieder eine Sedation erforderlich sei, zogen sie aufgrund des fortgeschrittenen Alters der Hündin und den in etwa vierwöchigen Abständen auftretenden Luxationen eine Euthanasie in Erwägung.

Untersuchung nach TCVM

Hier wurde keine übliche Untersuchung durchgeführt, da die schulmedizinische Diagnose feststand und die Hündin extreme Schmerzen hatte. Wie zu erwarten, war der Kniepunkt Bl 26 rechts druckdolent.

Therapie

Therapieziel

Die luxierte Patella reponieren, Schmerz lindern, den Funktionskreis Niere stützen

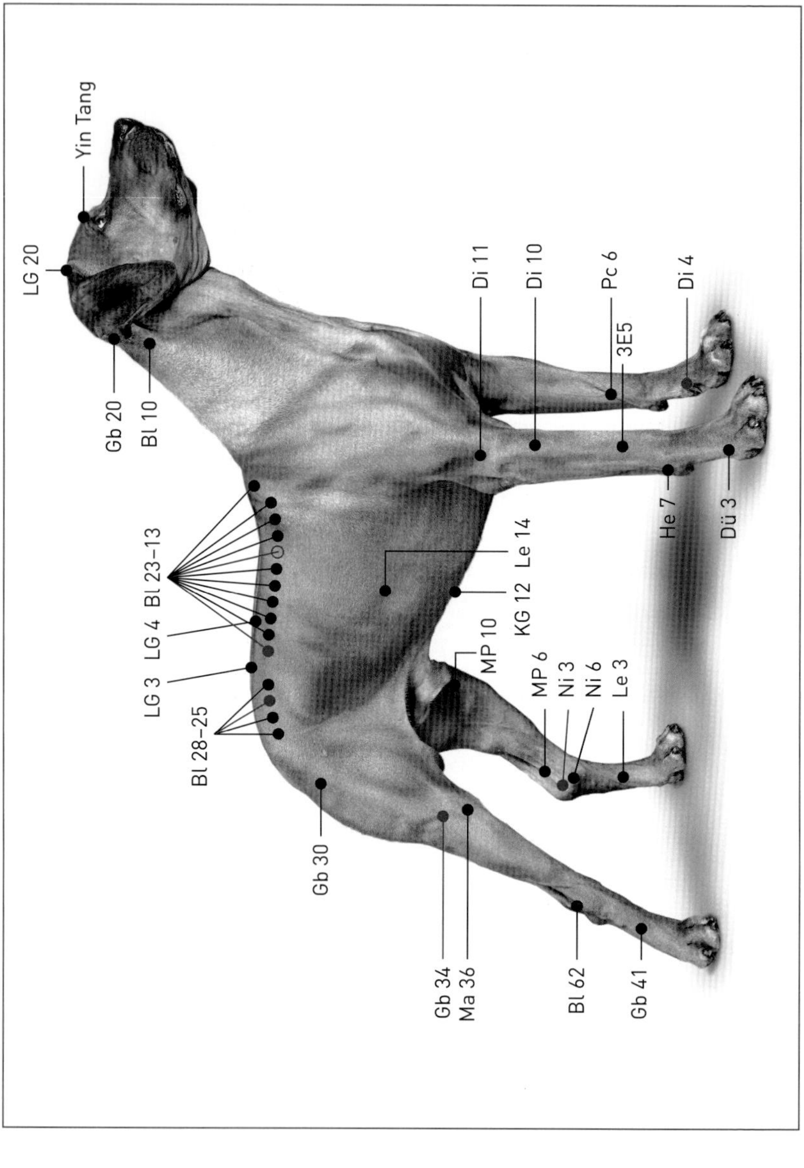
Yin Tang
LG 20
Gb 20
Bl 10
Di 11
Di 10
Pc 6
3E5
Di 4
He 7
Dü 3
Bl 23–13
LG 4
LG 3
Bl 28–25
Le 14
KG 12
MP 10
MP 6
Ni 3
Ni 6
Le 3
Gb 30
Gb 34
Ma 36
Bl 62
Gb 41

Punktauswahl

- **Bl 26** – diagnostischer und therapeutischer Kniepunkt
- **Bl 23** – fördert die Nierenessenz, unterstützt die Knochen und stärkt den Lendenbereich
- **Ni 3** – nährt die Niere und tonisiert Essenz, außerdem stärkt er die Lumbalregion und das Knie
- **Bl 17** – der Meisterpunkt des Blutes löst Stauungen und reguliert und bewegt Blut
- **Gb 34** – der Meisterpunkt der Sehnen reguliert und festigt den Bewegungsapparat
- **Di 4** – zur Schmerzlinderung

Erläuterungen

Beim Stechen von Bl 26 sprang die Patella spontan wieder in ihre Position. Danach wurde mit Bl 23 und Ni 3 der Funktionskreis Niere gestärkt. Gb 34 wurde gewählt, um den Sehnen- und Bandapparat zu stärken. Bl 17 sollte einen eventuellen Blutstau durch die Luxation beheben und Di 4 die Schmerzen lindern.

Verlauf

Dieses blieb die einzige Akupunkturbehandlung, die Hündin lief fröhlich auf vier Beinen aus der Praxis. Bei einer zufälligen Begegnung mit den Besitzern, etwa ein Jahr später, berichteten diese, dass kein Rückfall aufgetreten und die Hündin lauffreudig und fit sei.

Dieser Fall zeigt, dass Akupunktur manchmal auch »kleine Wunder« bewirken kann. Es ist mir heute noch unerklärlich, wie es möglich war, eine luxierte, manuell nicht reponierbare Patella, durch die Nadelung eines Punktes zu reponieren.

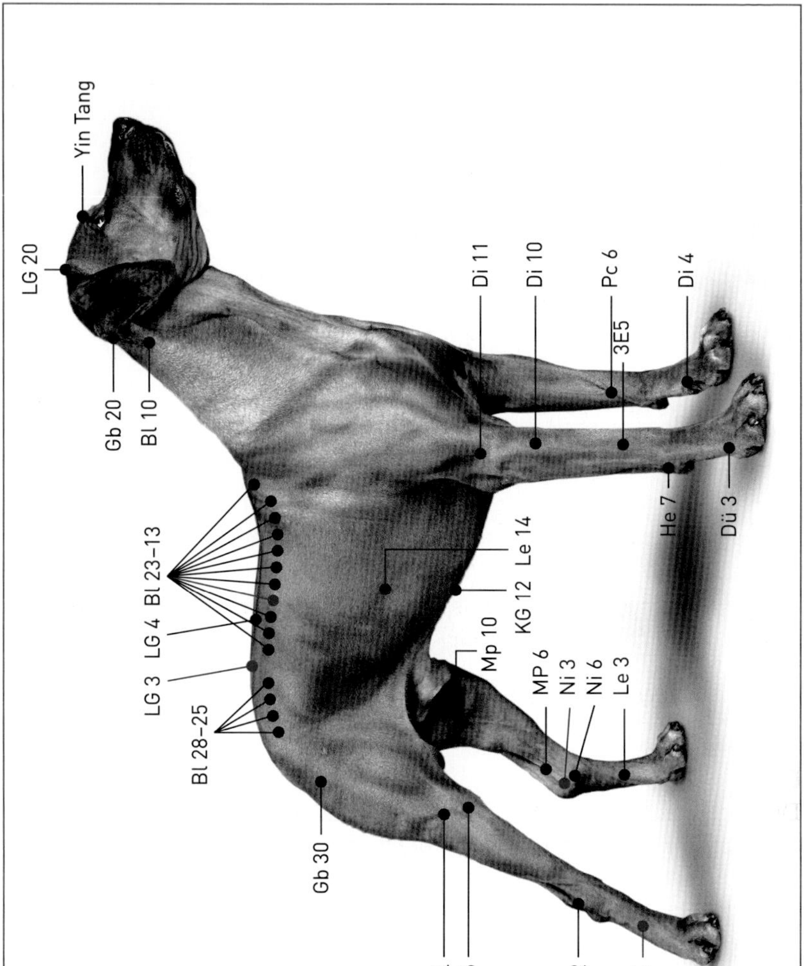
Yin Tang
LG 20
Gb 20
Bl 10
Di 11
Di 10
Pc 6
3E5
Di 4
He 7
Dü 3
Bl 23–13
LG 4
LG 3
Bl 28–25
Le 14
KG 12
Mp 10
MP 6
Ni 3
Ni 6
Le 3
Gb 30
Gb 34
Ma 36
Bl 62
Gb 41

Fall 7

Angelika Dura

Vorbericht

Deutscher Schäferhund, weiblich, 9 Jahre, kastriert. Die Hündin litt seit einigen Monaten an zunehmender Bewegungsunlust. Anamnestisch wird von Magen-Darm-Symptomen und Verdauungsstörungen berichtet. Vor zwei Wochen vermehrter Urinabsatz.

Diagnose nach TCVM

Diagnose durch Augenschein

Die Hündin erscheint bei der Untersuchung sehr aufgeregt und nervös. Die Haut zeigte keinen besonderen Veränderungen.

Schleimhäute: rosafarben und leicht gestaut. Die Konjunktiven zeigten eine geringe gelbliche Verfärbung.

Zunge: ohne Belag, leichte Rötung am Rand gegenüber dem restlichen Zungenkörper.

Befragung der Patientenbesitzer

Die Besitzerin beschreibt eine deutliche Empfindlichkeit der Rückenpartie bei Berührung. Bei Spaziergängen schleicht die Hündin hinter ihr her und zeigt außerdem eine starke Hitzeempfindlichkeit.

Betastung

Alle vier Gliedmaßen sind gleichmäßig warm. Am gesamten Körper und an den Gliedmaßen sind deutliche Auflagerungen auf den Knochen palpierbar. Die Palpation der Shu-Punkte bereitet ihr eindeutiges Unbehagen.

- Shu-Punkte: Bei der Untersuchung der Shu-Punkte ergibt sich eine deutliche Empfindlichkeit der Punkte Bl 18 bis Bl 23. Außerdem eine auffällige Druckdolenz der Punkte Gb 26, MP 21 und Ma 31.

Modalitäten

Die Hündin mag überhaupt keine Wärme, trinkt vermehrt und zeigte zwei Wochen zuvor einen starken Drang zum Urinieren. Der Urin ist gelb und stark riechend. Sie frisst gern saure Nahrungsmittel, wie z. B. Äpfel und Zitrusfrüchte.

Diagnose nach TCVM

Acht Leitkriterien

- Yang: akutes Auftreten der Schmerzen
- Hitze: vermehrtes Trinken, stark riechender gelber Urin
- Fülle: Druckdolenz der meisten Shu-Punkte

Qi und Blut

- Qi-Stagnation durch Blockade im Dai Mai (Gürtelgefäß)

Meridiane/Leitbahnen

Es handelt sich hier um einen massiven Stau im Blasenmeridian als auch um eine Blockade im Gürtelgefäß (Dai Mai).

Zang Fu/Innere Organe

Die Leber kontrolliert die Milz zu stark, durch aufsteigendes Leberfeuer wurden Milz und Magen geschädigt. Milz-Qi-Schwäche.

Therapie

Therapieprinzip

Zunächst sollte die Blockade im Dai Mai behoben werden. Zu diesem Zweck wurde der Öffner des Gürtelgefäßes **Gb 41** genadelt. Nach etwa zwei Minuten wurden noch einmal die Shu-Punkte getestet. Die Druckempfindlichkeit der gesamten Rückenpartie war verschwunden. Nur die Punkte **Bl 20** (Shu-Punkt der Milz) und **MP 21** (Endpunkt des Milzmeridians) gaben noch deutlich an. Daraufhin wurden die Punkte **MP 6** und **Bl 20** genadelt. Die Nadeln verblieben über eine Stunde im Hund und konnten dann leicht entfernt werden. In der zweiten Sitzung zeigten sich bei der Untersuchung alle Shu-Punkte druckdolent. Die folgenden Punkte wurden genadelt:

Punktauswahl

- **Gb 41** – Öffner des Dai Mai und Harmonisierung des Leber-Qi-Flusses
- **LG 3** – stärkt den unteren Rückenbereich, tonisiert das Yang
- **MP 6** – stärkt die Milz, fördert die Funktion von Leber und Niere stärkt das Qi, Blut und Yin, bewegt Blut und beseitigt Blutstasen
- **Ni 3** – stärkt die Niere, um die Leber im Zaum zu halten
- **Bl 20** – stärkt Milz und Magen, beseitigt Nässe und nährt Blut

Verlauf

In der dritten Sitzung war nur noch Bl 20 druckdolent. Es wurde noch einmal eine Behandlung durchgeführt. Genadelt wurden die Punkte **Bl 20, LG 3** und **MP 6.** Diese dritte Sitzung dauerte nur noch 20 Minuten.

Nach drei Behandlungen bestätigte die Besitzerin eine deutliche Besserung des allgemeinen Befindens der Hündin, die sie seitdem wieder im Trab bei Spaziergängen begleitete. Eine akute Meridianstörung lässt sich bei frühzeitigem Erkennen, wie in diesem Fall, mit drei Behandlungen gut lösen.

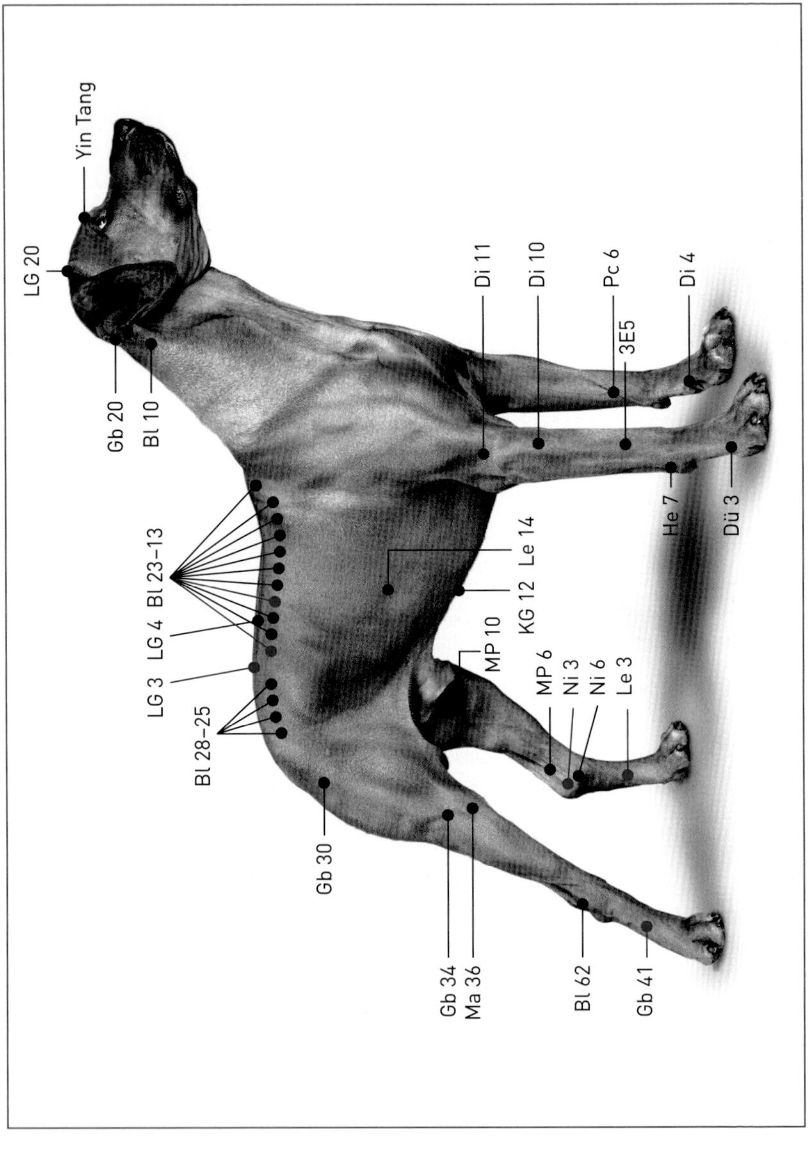
LG 20
Yin Tang
Gb 20
Bl 10
Di 11
Di 10
Pc 6
Di 4
3E5
He 7
Dü 3
Bl 23–13
LG 4
LG 3
Bl 28–25
Le 14
KG 12
MP 10
MP 6
Ni 3
Ni 6
Le 3
Gb 30
Gb 34
Ma 36
Bl 62
Gb 41

Fall 8

Angelika Dura

Vorbericht

Neufundländer, Rüde, 6 Jahre, nicht kastriert, Gewicht 86 kg. Der Rüde hört schlecht und leidet an Arthrose. Das Aufstehen aus der Ruhe fällt ihm oft sehr schwer. Der Hund bekam bei Bedarf Metacam® in entsprechender Dosierung.

Diagnose nach TCVM

Diagnose durch Augenschein

Bei der Erstvorstellung in der Akupunkturpraxis ist das Tier in schulmedizinischer Behandlung und aufgrund der festgestellten Arthrose mit Metacam® eingestellt. Wegen der wechselnden Gelenkbeschwerden wurde ein Borreliose-Screening veranlasst, welches eine chronische Borreliose ergab.

Die Haut ist schuppig und zeitweise sehr trocken

Schleimhäute: Die Konjunktiven sind blass und leicht gestaut

Zunge: ohne Belag, sehr feucht, extreme Speichelbildung.

Befragung der Patientenbesitzer

Im Alter von vier Jahren kam der Rüde in den Besitz seines heutigen Frauchens. Sie berichtet über eine schreckliche Vergangenheit ihres Hundes. Abgemagert auf 60 Kilogramm und stark verängstigt, übernahm die Besitzerin ihn aus der Nothilfe. Er reagierte anfangs teilweise aggressiv auf ungewohnte Dinge, ließ sich ungern von Kindern anfassen und war von Anfang an nicht bewegungsfreudig. Früher hatte er regelmäßig Durchfall. Er lebte sich in dem liebevollen neuen Haushalt ein und nahm auch zu. Die Durchfallprobleme verschwanden. Mit fünf

Jahren wurde er kastriert, danach nahm er erneut 10 Kilogramm zu. Diätmaßnahmen, auch unter tierärztlicher Kontrolle, schlugen fehl.

Betastung

Die Gliedmaßenpalpation erweist sich als äußerst schwierig und deutet auf schmerzhafte Sprunggelenke hin. Es ist fast unmöglich, die Gliedmaßen zu berühren, ohne eine Abwehrreaktion hervorzurufen.

- Shu-Punkte: deutliche Druckdolenz von Bl 20 beidseits und Bl 23, vor allem auf der rechten Seite. Der Alarmpunkt des Dai Mai Gb 26 ist ebenfalls deutlich positiv.

Modalitäten

Der Rüde liebt Kälte, obwohl sie ihm schadet. Die Symptome verschlechtern sich bei Kälte und Nässe.

Westliche Diagnose

Chronische Borreliose, hochgradige Arthrose mit Aktivierung im rechten Sprunggelenk

Diagnose nach TCVM

- Nieren-Essenz-Mangel
- Qi-Stau
- Innerer Wind
- Gelenk-Bi-Syndrom

Acht-Leitkriterien

- Yin: chronisches Krankheitsgeschehen
- Innen: pathogene Faktoren hatten genug Zeit, nach innen zu wandern
- Kälte: primär Kältesymptomatik
- Leere

Qi und Blut

- Qi-Stagnation
- Blut-Mangel aufgrund von Essenz-Mangel

Meridiane/Leitbahnen

Blockade im Gürtelgefäß (Dai Mai)

Zang Fu/Innere Organe

Im Vordergrund steht hier der Nieren-Essenz-Mangel. Der Verbrauch von Nieren-Essenz war in den ersten vier Lebensjahren des Hundes so massiv, dass er nicht mehr altersentsprechend Energiereserven zur Verfügung hat.

Therapie

Therapieprinzip

Die Behandlung des Neufundländerrüden erfolgte in 7-tägigen Abständen. Ziel der Behandlung sollte neben einer Harmonisierung des Qi-Flusses auch die Stärkung der Ursprungsenergie sein.

Punktauswahl

Erste Sitzung

- **Gb 41** – Öffner des Dai Mai und Harmonisierung des Leber-Qi-Flusses
- **LG 3** (Baihui) – stärkt den unteren Rückenbereich, tonisiert das Yang
- **Ni 3**– nährt die Niere, unterstützt die Essenz
- **Bl 20** – Shu-Punkt der Milz, stärkt Milz und Magen, beseitigt Nässe und nährt Blut
- **Bl 23** – Shu-Punkt der Niere, stärkt die Niere, nährt die Nieren-Essenz, nährt das Blut, beseitigt Nässe

Auffällig bei dieser ersten Behandlung war, dass die beiden Nadeln auf den Shu-Punkten sehr lange festhielten. Die Nadeln wurden erst nach einer guten Stunde entfernt. Die Druckdolenz war danach völlig verschwunden. In zwei weiteren Behandlungen wurde der Punkt **MP 6** hinzugenommen. Auch hier wurde die Behandlungsdauer auf bis zu 90 Minuten ausgedehnt. Danach ließen sich die Nadeln problemlos entfernen. Das weitere Behandlungsschema wurde dem Hund angepasst. Versucht wurden Abstände von vier Wochen, wenn akut Probleme auftraten, wurde der Patient früher einbestellt. Durch die chronische Borreliose waren immer wieder Rückfälle zu beobachten, aber das gesamte Allgemeinbefinden besserte sich durch die regelmäßige Behandlung deutlich. Die Probleme am rechten Sprunggelenk, die röntgenologisch sehr auffällig waren, konnten symptomatisch gebessert werden.

Verlauf

Im Herbst traten Veränderungen der Schleimhäute auf. Diese waren jetzt deutlich gerötet und der Hund zeigte wieder Probleme beim Aufstehen. Außerdem berichtete die Besitzerin, dass der Hund jetzt die Wärme suchte und sich plötzlich lieber auf die warme Decke legte. Zu den oben genannten Punkten wurde **Le 3** ergänzt. Hiermit sollte innerer Wind vertrieben und das Aufsteigen des Leber-Yang unterdrückt werden. Als Erdpunkt der Leber kann man den Funktionskreis Milz und Magen unterstützen und fehlende Energie über den Ko-Zyklus der Fünf Wandlungsphasen hierhin transportieren. Zur Stärkung des Nierenfunktionskreises wurden die o. g. Punkte **Ni 3** und **Bl 23** ergänzt.

Der Hund wurde inzwischen bis zu seinem 9. Lebensjahr regelmäßig mit Akupunktur unterstützt und absolvierte nur noch die Routinebesuche zur Impfung und Blutentnahme bei einem Kollegen. Durchschnittliche Behandlungsabstände waren circa vier Wochen. Die Metacam®-Gaben konnten auf ein Viertel der Dosis reduziert werden.

Fall 9

Angelika Dura

Vorbericht

Golden Retriever, 10 Jahre, männlich nicht kastriert. Ein 10 Jahre alter Golden-Retriever Rüde wird mit einer seit etwa zwei Monaten bestehenden Lahmheit vorne rechts vorgestellt. Der Beginn der Beschwerden lag im Oktober. Voruntersuchungen des Hundes beim Haustierarzt ergaben eine röntgenologisch nachweisbare Verknöcherung der Halswirbelsäule. Die Behandlung beschränkte sich auf die Gabe von nicht-steroidalen Antiphlogistika. Da der Hund auf die Medikamente mit unangenehmen Nebenwirkungen im Magen-Darm-Trakt reagierte, suchten die Besitzer eine Akupunkturpraxis auf. Begleitend setzten die Besitzer bestimmte homöopathische Komplexpräparate (Zeel® und Traumeel®) ein. Zum Zeitpunkt der Vorstellung war es nicht mehr möglich, die Dosis der Medikamente noch zu erhöhen. Der Hund zeigte aber nach wie vor eine deutliche Lahmheit und Erschöpfung. Die Erschöpfung sei, so berichtete der Besitzer, aber auch im Zusammenhang mit den Medikamenten aufgetreten.

Diagnose nach TCVM

Diagnose durch Augenschein

Die Haut zeigte deutliche Schuppenbildung und fühlte sich fettig an. Die Ohren rochen heftig, säuerlich. In der Haut traten vermehrt kleine lipomähnliche Umfangsvermehrungen auf. Diese waren überwiegend freibeweglich in der Haut, aber auch zum Teil hart und nicht verschieblich.

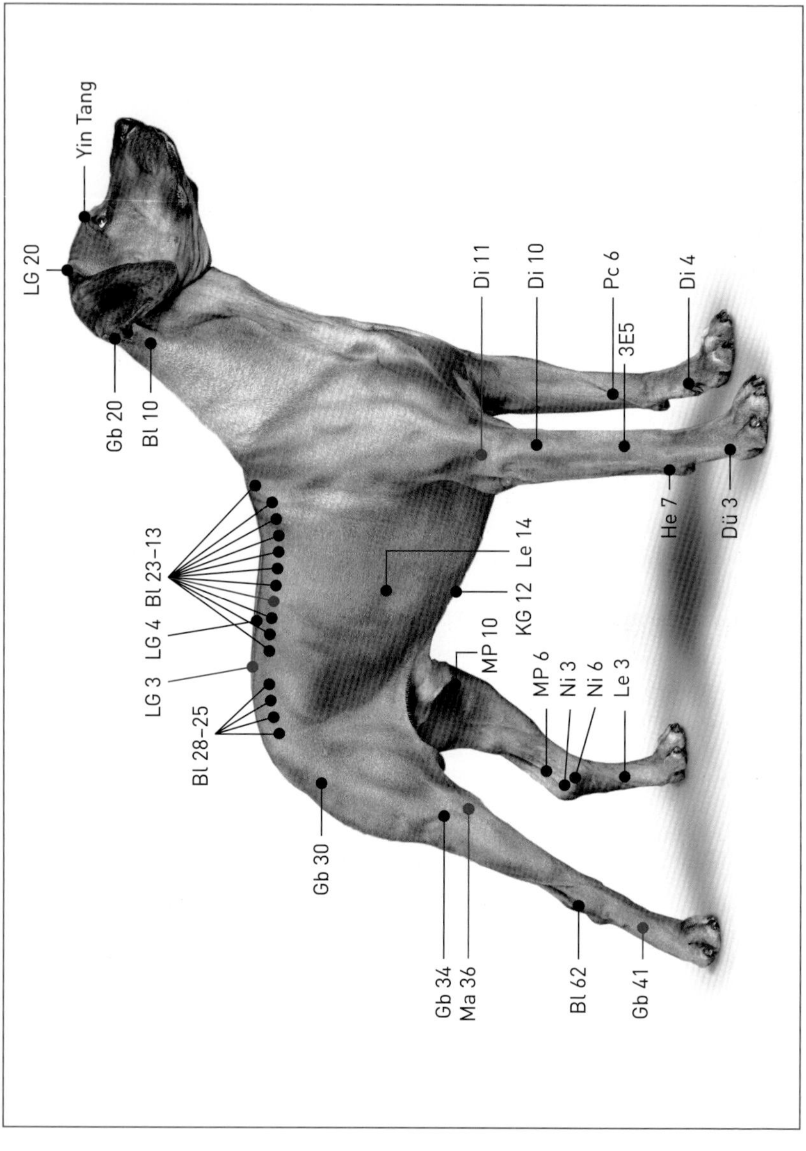
Yin Tang
LG 20
Gb 20
Bl 10
Di 11
Di 10
Pc 6
3E5
Di 4
He 7
Dü 3
Bl 23–13
LG 4
LG 3
Bl 28–25
Le 14
KG 12
MP 10
MP 6
Ni 3
Ni 6
Le 3
Gb 30
Gb 34
Ma 36
Bl 62
Gb 41

Schleimhäute: zum Zeitpunkt der ersten Vorstellung zeigt der Hund rote gestaute Konjunktiven

Zunge: ohne Belag und rosafarben. Im hinteren Drittel ist wenig weißer Schleim

Betastung

Die Gliedmaßen sind vermehrt warm. Alle vier Gliedmaßen erscheinen etwas geschwollen.

- Shu-Punkte: Druckdolenz der Punkte Bl 25, Bl 20, Bl 19, Bl 18. Außerdem eine deutliche Druckdolenz der Punkte Gb 26 und Gb 25 beidseits

Modalitäten

Der Hund legte sich gern auf kalten Boden, was dann aber die Symptome verschlimmerte. Die Lahmheit verschlechterte sich bei Kälte, Wind und Nässe. Kurzfristige Besserung durch Bewegung, dann jedoch schnelle Erschöpfung. Wiederholte Verschlechterung im Herbst.

Westliche Diagnose

Spondylose der Halswirbelsäule

Diagnose nach TCVM

Bi-Syndrom durch Eindringen der Pathogenen Faktoren Kälte und Wind. Substanzloser Schleim in der Haut und in den Gelenken.

Acht-Leitkriterien

- Yin: chronisches Geschehen
- Außen: Meridian ist betroffen
- Kälte: Symptome schlimmer bei Kälte
- Leere: Zustand der Erschöpfung, Alter des Tieres

Qi und Blut

- Qi-Stau mit Meridianblockade im Dickdarm-Meridian
- Qi-Stagnation durch Kälte führt zu mangelnder Blutbewegung; daraus entwickelt sich im Laufe der Zeit eine Blutstase

Meridiane/Leitbahnen

- Blockade im Dickdarm-Meridian

Zang Fu/Innere Organe

- Nieren-Yang-Mangel führt zu Ansammlung von Feuchtigkeit an den Gliedmaßen
- Milz-Qi-Mangel führt zu Schleimbildung in der Haut und in den Gelenken

Therapie

Therapieprinzip

Die Behandlung des Hundes zielte zunächst auf die Bewegungsstörung und die Reduktion der entzündungshemmenden Medikamente. Es wurden zunächst drei Behandlungen im Abstand von einer Woche vorgenommen.

Punktauswahl

- **Di 11** – links zur Lösung der Blockade im Dickdarm-Meridian und Auflösung der Feuchtigkeit, beseitigt Wind und Feuchtigkeit in sämtlichen Organen
- **Gb 41** – öffnet das Gürtelgefäß (Dai Mai) harmonisiert den Qi-Fluss
- **LG 3** (Baihui) – zur Stärkung des Rückens und der hinteren Extremität. Außerdem tonisiert dieser Punkt das Yang
- **Bl 20** – Shu-Punkt der Milz, über die Stärkung des Milz-Qi beseitigt dieser Punkt Nässe und Schleim
- **Ma 36** – (im Wechsel mit Di 11) allgemein tonisierender Punkt der in diesem Fall zum Vertreiben von Nässe und Schleim, aber auch zur Behebung des Leere-Zustandes

Verlauf

Nach drei Behandlungen stellte der Besitzer eine deutliche Besserung des allgemeinen Befindens fest. Der Hund konnte wieder den normalen Spaziergang von einer guten halben Stunde mithalten ohne sich hinzulegen und die Lahmheit verschwand zeitweise ganz.

Zwei weitere Behandlungen erfolgten im Abstand von circa vier Wochen. Die Dosis des Schmerzmittels konnte auf ein Viertel der vorgeschriebenen Menge reduziert werden. Etwa ein Jahr nach Behandlungsbeginn, wieder im Herbst, traten die Symptome erneut und verstärkt auf. Der Besitzer berichtete wieder von einer Verschlechterung nach Bewegung und Erschöpfung. Es erfolgten wiederholte Behandlungen im Abstand von einer Woche. Nach zwei Behandlungen stand eine Blutleere im Vordergrund. Diese wurde mit den Punkten Bl 17 und MP 6 unterstützend behandelt. Der jahreszeitliche Zusammenhang mit dem herbstlichen Wetter konnte bestätigt werden. Weiteren Behandlungen wurden von diesem Zeitpunkt an in etwa vierwöchigen Abständen durchgeführt.

In einem solchen Fall, in dem degenerative Veränderungen nachweislich vorliegen, empfiehlt es sich, die Behandlung in regelmäßigen Abständen fortzuführen. So erreicht man über einen längeren Zeitraum eine Minderung der Beschwerden. Hierbei ist es möglich, den Schmerzmitteleinsatz deutlich zu reduzieren. In Abhängigkeit von den auftretenden Symptomen können sich stetig Änderungen im Behandlungsschema ergeben.

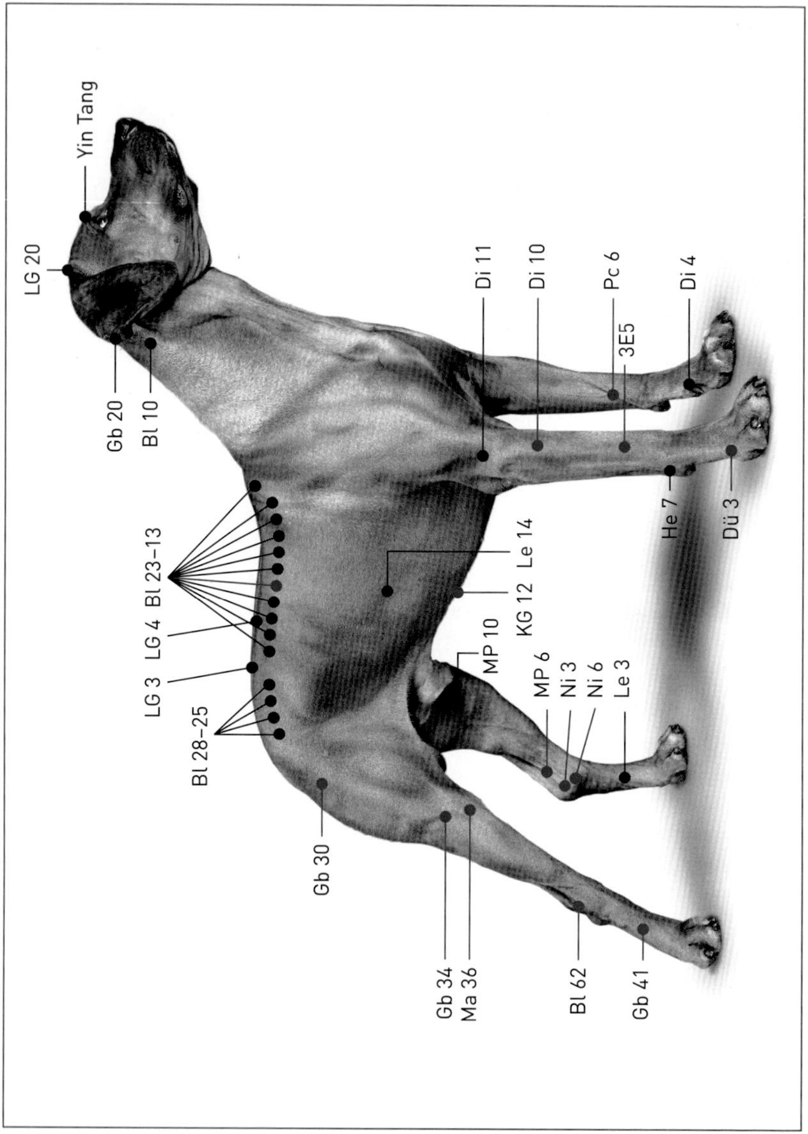
Yin Tang
LG 20
Gb 20
Bl 10
Di 11
Di 10
Pc 6
Di 4
3E5
He 7
Dü 3
Bl 23–13
LG 4
LG 3
Bl 28–25
Le 14
KG 12
MP 10
MP 6
Ni 3
Ni 6
Le 3
Gb 30
Gb 34
Ma 36
Bl 62
Gb 41

Fall 10

Gisela Clauss-Arndt

Vorbericht

DSH-Mischling, 7 Jahre, männlich, unkastriert. Der Hund wurde als Welpe (10 Wochen) aus Privatbesitz übernommen.

Lahmheit seit ca. acht Monaten vorne rechts, offensichtlich sind die Schmerzen unterschiedlich stark, da die Lahmheit nicht immer deutlich zu sehen ist. Röntgenaufnahmen zeigten keinen eindeutigen Befund.

Eine HD-Aufnahme im Alter von eineinhalb Jahren ergab beidseitig eine leichte HD. Der Besitzerin fiel aber bereits mit sechs Monaten auf, dass er einen »komischen« Gang hatte.

Vor circa einem Jahr wurde eine Prostatahypertrophie diagnostiziert. Der Rüde zeigte vermehrtes Pressen beim Kotabsatz. Im letzten Frühjahr hatte er leichte Blutungen, zurzeit (Frühjahr) blutet er auch wieder tröpfchenweise aus dem Penis.

Er hat wiederkehrend besonders links im Bereich der Hüfte und Außenseite des Oberschenkels Hotspots. Er beleckt diese Stellen intensiv und beißt sich die Haut kaputt. Die Ekzeme vergrößern sich sehr schnell und sind feucht und blutig.

Der Rüde frisst zwei- bis dreimal in der Woche auffällig viel Gras und zeigt danach Vomitus. Er bekommt normalerweise Trockenfutter.

Westliche Diagnose

- Leichte HD. Lahmheit vorne rechts ohne röntgenologischen Befund
- Prostatahypertrophie. Hotspots linkes Hinterbein lateral

Untersuchung nach TCVM

Diagnose durch Augenschein

Der Rüde kommt ohne Zögern in den Praxisraum. Er macht einen ruhigen Eindruck, beobachtet aber sehr aufmerksam seine Umgebung. Er legt sich relativ schnell hin.

Die Untersuchung lässt er problemlos zu. Die Hotspots befinden sich im Verlauf des Gallenblasen-Meridians.

Zunge: rötlich, feucht, geschwollen, Zahneindrücke

Schleimhäute: rötlich, feucht

Befragung der Patientenbesitzer

Die Lahmheit verschlechtert sich bei Nässe, Trockenheit und Wärme bessern die Beschwerden. Der Rüde geht bei Regen nicht gerne spazieren. Nach dem Aufstehen zeigt er die Lahmheit deutlich, bei Bewegung wird sie besser, bei sehr starker Belastung aber wieder schlechter.

Insgesamt handelt es sich um einen sehr freundlichen Hund. Er verhält sich gegenüber anderen Hunden eher abwartend, kann gegen Rüden aber auch ab und zu aggressiv sein, wenn sie ihm zu nahe kommen.

- Fressen: der Hund hat guten Appetit, ist aber nicht verfressen.
- Trinken: viel, anfallsweise (evtl. durch das Trockenfutter verursacht?)
- Kot: unauffällig, häufig sehr fest. Urin: etwas dunkler

Betastung

- Shu-Punkte: Bl 18, Bl 19, Bl 20, Bl 21, Bl 25 rechts
- Mu Punkte: Le 14, Gb 24
- Diagnostische Punkte:
  - Gb 26: Stagnation im Dai Mai,
  - Bashen: Störungen der Hintergliedmaße,
  - Gb 30 und Ma 31: Schmerzen Hüftgelenk
- Puls: oberflächlich etwas gespannt, in der Tiefe eher schwach, Frequenz leicht erhöht

Diagnose nach TCVM

Acht Leitkriterien

- Fülle – Außen: oberflächlicher Puls, Meridiane betroffen
- Leere – Innen: in der Tiefe schwacher Puls. Legt sich schnell hin. Organe/Zang Fu betroffen
- Hitze: Pulsfrequenz erhöht, Farbe der Schleimhäute, Hotspots, Blutungen
- Yang: relativer Yangüberschuss

Pathogene Faktoren

- Wind
- Feuchtigkeit
- Hitze

Qi

- Qi-Stagnation (außen): Gallenblasen-Meridian
- Qi-Leere (innen): Belastung verschlechtert
- Rebellierendes Magen-Qi: Grasfressen, Vomitus

Blut

- Stagnation: Ekzeme, Prostatahypertrophie
- Hitze: blutige Ekzeme

Meridiane

- Gallenblasen-Meridian
- Du Mai (Lenkergefäß)
- Dai Mai (Gürtelgefäß)
- Dickdarm-Meridian

Zang Fu

- Funktionskreis Niere (Jing-/Yin-Leere) führt zu relativem Yang-Überschuss
- Funktionskreis Milz/Magen (Qi-Leere/rebellierendes Ma Qi) Vomitus

Therapie

Therapieprinzipien

- Stagnation beseitigen, Leitbahnen freimachen
- Qi und Blut bewegen
- Feuchtigkeit und Hitze ausleiten
- Zang Fu stützen

Punkteauswahl

- **Dü 3** – Holzpunkt, Öffner Du Mai (Lenkergefäß/LG), psychisch ausgleichend
- **Bl 62** – Öffner Yang Qiao Mai (Yang-Fersen-Gefäß), korrespondiert mit Dü 3, Wirkung ähnlich wie Bl 60 (beseitigt Leitbahnobstruktionen, stärkt den Rücken)
- **Gb 41** – Holzpunkt, Öffner Dai Mai (Gürtelgefäß), fördert den Leber-Qi-Fluss
- **Bl 19** – Shu-Punkt der Gallenblase, Stagnation im Verlauf des Gallenblasen-Meridians, HD
- **Gb 30** – lokaler Hüftpunkt, macht die Leitbahn frei
- **3E 5** – Luo-Punkt, Öffner Yang Wei Mai (Yang-Verbindungsgefäß), beseitigt EPF (= exogene pathogene Faktoren), korrespondiert mit Gb 41
- **Gb 34** – Erdpunkt, Meisterpunkt der Sehnen, harmonisiert das Leber-Qi, bewegt Feuchtigkeit
- **Di 10** – stärkt Blut und Qi der Vorderextremität, bei Schmerzen und Paresen
- **MP 10** – Meisterpunkt des Blutes, kühlt Bluthitze, vertreibt Nässe, bei Ekzemen
- **Ni 3** – Quellpunkt, Erdpunkt, nährt die Niere, stützt Nieren Yin und tonisiert Jing
- **Ni 6** – Öffner Yin Ciao Mai (Yin-Fersen-Gefäß), stärkt Nieren Yin und Yang, kühlt Hitze
- **MP 6** – stärkt Niere, Leber und Milz, stärkt Qi, Blut und Yin, nährt Blut und beseitigt Blutstagnation

- **Ma 36** – Erdpunkt, unterstützt Magen und Milz und den gesamten Körper, bei allen Leerezuständen
- **KG 12** – Shu-Punkt des Magens, Meisterpunkt der Fu-Organe, stärkt das Qi des Magens und der Milz, beseitigt Nässe
- **Pc 6** – Luo-Punkt, bewegt Qi und Blut, senkt rebellierendes Qi ab, bewegt Leber-Qi und beruhigt den Geist

Erläuterungen

Die Punkte wurden nicht gleichzeitig behandelt. Je nach Symptomatik wurde eine Auswahl der Punkte genommen.

Verlauf

Es wurden fünf Behandlungen im Abstand von vier Tagen durchgeführt. Die Hotspots und auch die Lahmheit vorne waren nach der zweiten Behandlung deutlich besser und nach der fünften Behandlung verschwunden.

Aufstehen und Hinlegen fiel dem Rüden nach wie vor etwas schwer, aber er lief ohne Probleme mehrere Kilometer.

Die Hüftgelenksdysplasie wurde immer wieder in längeren Abständen behandelt, teilweise im Abstand von mehreren Monaten. Die Besitzer kamen sofort, wenn der Rüde anfing, sich im Bereich der Hüfte auffällig zu lecken.

Die Hotspots konnten gut behandelt werden, da sie im Verlauf des Gallenblasen-Meridians lagen und eine darunterliegende Schmerzhaftigkeit im Bereich des Hüftgelenkes anzeigten. Die unspezifische Lahmheit vorne war offensichtlich ein Überlastungssyndrom durch die Problematik der Hintergliedmaße.
Die HD ist eine klassische Indikation für die Akupunktur. Die Behandlungsintervalle sind sehr unterschiedlich, die Hunde bleiben aber in jedem Fall Dauerpatienten.

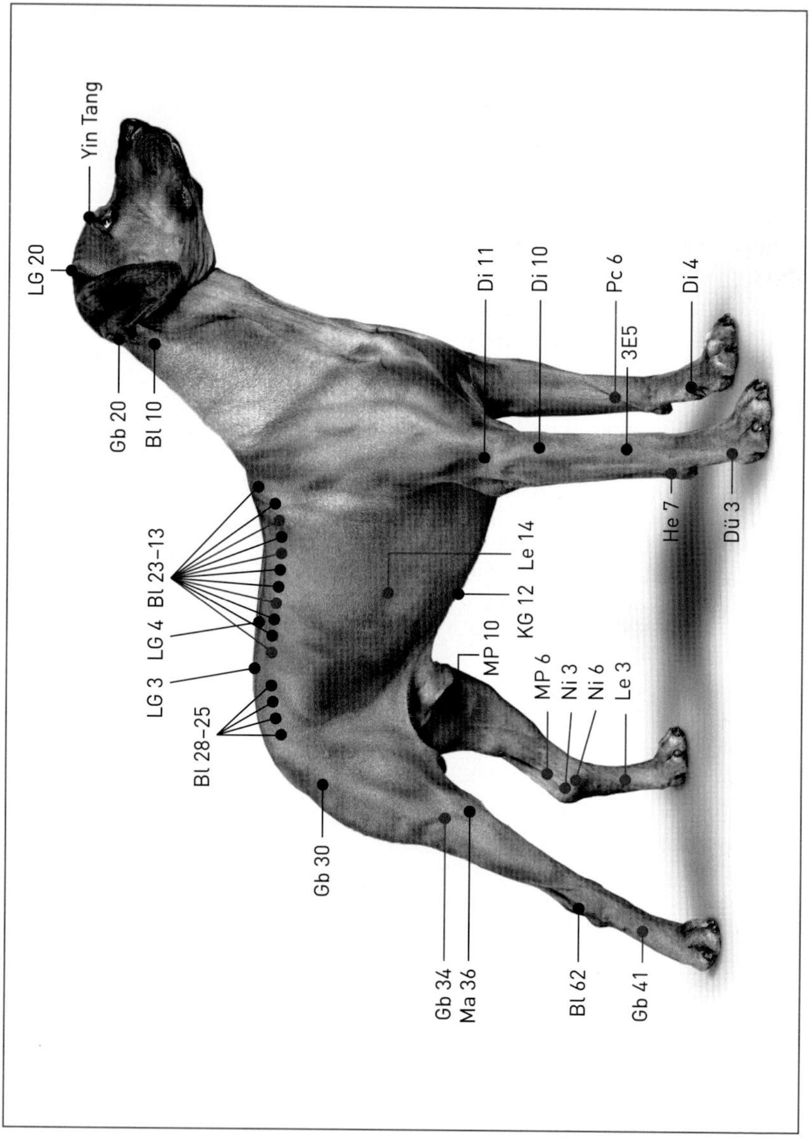
Yin Tang
LG 20
Gb 20
Bl 10
Di 11
Di 10
Pc 6
3E5
Di 4
He 7
Dü 3
Bl 23–13
LG 4
LG 3
Bl 28–25
Le 14
KG 12
MP 10
MP 6
Ni 3
Ni 6
Le 3
Gb 30
Gb 34
Ma 36
Bl 62
Gb 41

Fall 11

Gisela Clauss-Arndt

Vorbericht

Mittelschnauzer, männlich, unkastriert, 11 Jahre

Anamnese

Der Hund hat Aggressionen gegen fremde Hunde, speziell gegen Rüden, es kommt dann zu gefährlichen Beißereien. Seine generelle aggressive Haltung ist im Laufe der Jahre noch stärker geworden.
Der Rüde hatte über drei Jahre Blasensteine, vor drei Jahren vorne rechts am dritten Zeh ein Osteosarkom, weswegen ihm das erste Zehenglied entfernt wurde. Vor einem Jahr entwickelten sich Analtumore, er wurde daraufhin kastriert und die Tumore entfernt.

Seit einigen Jahren leidet er an zunehmenden Verspannungen mit Schmerzen im Rückenbereich. Röntgenaufnahmen zeigten Veränderungen der Wirbelsäule im Bereich des Überganges Brustwirbelsäule/Lendenwirbelsäule,

Er bekommt regelmäßig Schmerzmittel, die ihm aber nur kurze Zeit Erleichterung bringen.

Klinische Diagnose

Diskopathie am Übergang Brustwirbelsäule/Lendenwirbelsäule, Spondylosen

Untersuchung nach TCVM

Diagnose durch Augenschein

Der Ernährungszustand ist gut. Sein Fell ist glänzend, aber etwas struppig. Die Pfoten und Ohren sind kühl, aber er schwitzt an den Pfoten.

Das Tier zeigt Verspannungen im gesamten Rückenbereich und ebenfalls am Bauch, der Rücken ist aufgewölbt.

Zunge: aufgrund der Aggressivität des Hundes schwierig zu beurteilen, eher rötlich bis bläulich

Schleimhäute: rötlich

Befragung der Patientenbesitzer

Der Hund war als Welpe schon Alpha-Tier. Er lässt sich von Fremden nicht anfassen, knurrt und beißt. Einige Male hat er bereits die Besitzer gebissen. Die Besitzerin erkennt er normalerweise als »Chefin« an und gehorcht ihr. Er lebt mit einer Riesenschnauzerhündin zusammen, die er akzeptiert.

Nach Aussagen der Besitzerin bessert sich die Anspannung im Rückenbereich bei Bewegung. Kälte verschlechtert, so dass der Hund im Winter ein Mäntelchen anziehen muss. Allerdings meidet er auch Wärme (Fußbodenheizung, Sonne) und Wasser, schwimmen mag er nicht. Er wechselt zwischen warmen und kalten Liegeplätzen, liegt eher weich. Nachts ist er häufig unruhig, hechelt, wechselt die Schlafplätze, bekommt Herzmedikamente.

Wind mag er überhaupt nicht, bei starkem Wind (Windgeräuschen?) bekommt er Angst bis Panik.

Fressen: Der Rüde frisst langsam, lässt auch Futter liegen.

Trinken: unauffällig, evtl. etwas vermehrter Durst.

Betastung

Die Untersuchung ist schwierig, weil der Rüde sich nicht gerne anfassen lässt.

- Shu-Punkte: Bl 17, Bl 18, Bl 19, Bl 28
- Mu-Punkte: Le 14, Gb 24, Gb 25
- Diagnostische Punkte: Gb 26 (diagnostischer Punkt für einen Stau im Gürtelgefäß)
- Puls: oberflächlich drahtig, gespannt, in der Tiefe eher weich, fein, Frequenz erhöht

Diagnose nach TCVM

Acht Leitkriterien

- Fülle (Leber-Qi-Stagnation) und Leere: Alter, nächtliche Unruhe
- Außen (Meridiane) und Innen (Zang Fu): Alter, Aggression
- Hitze (Puls schnell, Blasensteine) und Kälte (Kälte verschlechtert)
- Yang und Yin: Nieren-Yin-Leere führt im Verlauf des Sheng-Zyklus zu Leber-Yin-Leere mit aufsteigendem Leber-Yang (Leber-Feuer)

Vitale Substanzen

- Qi-Stagnation: Meridiane, Leber-Qi-Stagnation
- Qi-Leere: Alter, anhaltende Qi-Stagnation
- Blut-Stagnation: anhaltende Qi-Stagnation führt zu Blut-Stagnation, Tumor

Meridiane

- Blasenmeridian (Bl 28)
- Du Mai (Lenkergefäß) (Rücken)
- Ren Mai (Konzeptionsgefäß) (Bauch)
- Dai Mai (Gürtelgefäß) (Gb 26)
- Pericardmeridian (Tumor)

Zang Fu

- Leber-Qi-Stagnation
- Leber-Blut-Stagnation
- Aufsteigendes Leber-Yang
- Leber-Yin-Leere
- Nieren-Qi- und Yin-Leere
- Herz-Yin-Leere

Pathogenese

Die Qi-Stagnation zeigt sich in den Verspannungen im Rücken und Bauch, die sich bei Bewegung verbessern. Es kommt durch die anhaltende Qi-Stagnation zu einer lokalen Blutstagnation (Osteosarkom, Analtumore).

Die Leber hat die Aufgabe, Qi und Blut gleichmäßig und geschmeidig zu bewegen.

Übermäßige Aggression und Beißen zeigen Leber-Qi-Stagnation mit aufsteigendem Leber-Yang bis Leberfeuer (Fülle). Die Symptome verstärken sich bei dem Patienten im Alter aufgrund der zunehmenden Leere im Funktionskreis Niere (Leere). Durch die Nieren-Yin-Leere wird das Leber-Yin nicht mehr genügend genährt, das aufsteigende Leber-Yang kann noch schlechter ausgeglichen werden.

Im Verlauf des Sheng-Zyklus kommt es durch den allgemeinen Yin-Qi-Mangel zu einem Herz-Yin-Mangel (Unruhe nachts, Schreckhaftigkeit).

Therapie

Therapieprinzipien

- Qi und Blut bewegen, Blut nähren
- Leber-Yang absenken
- Funktionskreise stützen, Yin stärken (Niere, Herz, Leber)

Punktauswahl

- **Gb 41** – Holzpunkt, Öffner des Dai Mai (Gürtelgefäß), fördert den Leber Qi-Fluss
- **Dü 3** – Holzpunkt, Öffner des Du Mai (Lenkergefäß, LG), psychisch ausgleichend
- **LG 20** – beruhigt das Leber-Yang, psychisch ausgleichend
- **Gb 34** – Erdpunkt, Meisterpunkt der Sehnen, harmonisiert das Leber-Qi, bewegt Feuchtigkeit
- **Le 3** – Quellpunkt, Erdpunkt, senkt das Leber-Yang, harmonisiert das Leber-Qi, stützt das Leber-Yin
- **Ni 3** – Quellpunkt, Erdpunkt, nährt die Niere, stützt das Nieren Yin, tonisiert Jing (Essenz)
- **Ni 6** – Stärkt Nieren-Yin und -Yang, kühlt Hitze
- **He 7** – Quellpunkt, Erdpunkt, nährt Herz-Yin und Blut, beruhigt den Geist
- **Pc 6** – Luo-Punkt, bewegt Qi und Blut, senkt rebellierendes Qi ab, bewegt Leber-Qi, beruhigt den Geist
- **Le 14** – Mu-Punkt der Leber, stärkt Qi und Yin der Leber
- **MP 6** – stärkt Niere, Leber und Milz, stärkt Qi, Blut und Yin, nährt Blut, beseitigt Blutstagnation
- **Bl 15** – Shu-Punkt des Herzens, unterstützt das Herz, harmonisiert den Geist
- **Bl 17** – Meisterpunkt des Blutes, bewegt und stärkt Blut und Qi
- **Bl 23** – Shu-Punkt der Niere, stärkt die Niere, nährt die Nierenessenz, stützt die Knochen

Erläuterungen

Die Punkte wurden nicht gleichzeitig behandelt. Je nach Symptomatik wurde eine Auswahl der Punkte genommen.

Verlauf

Anfangs wurde dreimal im Abstand von vier Tagen behandelt, dann dreimal im Abstand von einer Woche, danach alle vier bis sechs (acht) Wochen.

Die Schmerzmittel konnten abgesetzt werden. Der Rüde bekam sie nur im Notfall über einige Tage. Im Laufe der Zeit ließ er sich wesentlich besser untersuchen und akzeptierte ohne Probleme die Akupunktur. Anderen Menschen oder Rüden gegenüber war er nach wie vor nicht besonders tolerant. Allerdings hat die Besitzerin ihn auch immer unter Kontrolle.

Literatur

Humanmedizin

Hempen, CH (1991): Die Medizin der Chinesen. Erfahrungen mit fernöstlicher Heilkunst. Goldmann, München.

Kaptchuk, TJ (2010): Das große Buch der chinesischen Medizin. Die Medizin von Yin und Yang in Theorie und Praxis. O. W. Barth, München.

Maciocia, G (2008): Die Grundlagen der Chinesischen Medizin. 2. Aufl., Verlag für Ganzheitliche Medizin, München

Veterinärmedizin

Anon. (2011): Kursbegleitende Unterlagen der Fortbildungen für Tierärzte ATF-Grundkurse Veterinärakupunktur: Manuskripte der Kurse 1 bis 8.

Anon. (2011): Kursbegleitende Unterlagen der Fortbildungen für Tierärzte ATF-Grundkurse Veterinärakupunktur: Manuskript „Meridiane und Punkte“

Draehmpaehl, D, Zohmann, (2009): Akupunktur bei Hund und Katze. Wissenschaftliche Grundlagen und Praxis. 3. Aufl., Enke, Stuttgart.

Draehmpaehl, D, Mitzkus, C (1997): Poster: Akupunkturpunkte des Hundes, Enke, Stuttgart

Draehmpaehl, D, Mitzkus, C (1997): Poster: Akupunkturpunkte der Katze, Enke, Stuttgart

Henke J, Erhardt W (2001): Schmerzmanagement bei Klein- und Heimtieren. Enke, Stuttgart.

Gösmeier, I (2003): Akupunktur. Gesundheit erhalten, Krankheiten heilen mit Akupunktur, Akupressur und chinesischen Kräutern. Müller Rüschlikon, Stuttgart

Pascoe PJ (2002): Alternative methods for the control of pain. J. Am. Vet. Med. Assoc., 221, 222–229.

Schoen, Allen (Hrsg.) (2009): Akupunktur in der Tiermedizin. Lehrbuch und Atlas für die Klein- und Großtierbehandlung. 2. Aufl., Elsevier, München.

Schwartz, C (2011): Traditionelle Chinesische Medizin für Hunde und Katzen, 4. Aufl., Sonntag-Verlag, Stuttgart.

Westermayer, E (1993): Lehrbuch der Veterinärakupunktur. Band 1: Allgemeine Akupunkturlehre. Haug, Stuttgart.

Wolters, M (Hrsg.) (1997): Ganzheitlich orientierte Verhaltenstherapie bei Tieren. Sonntag-Verlag, Stuttgart.

Zohmann A, Kasper M (1994): Neuraltherapie in der Veterinärmedizin. Schlütersche Verlagsgesellschaft, Hannover.

Aus dem Inhalt

- Untersuchungsgang
- Diagnosekriterien und Diagnosestellung
- Punktauswahl und Therapie
- Fallbeispiele

Beschwerden und Krankheiten der Atemwege lassen sich beim Pferd häufig gut mithilfe der Akupunktur behandeln. Die Autorinnen geben einen leicht verständlichen Einblick in die praktische Anwendung der Akupunktur. Auch Schulmediziner, die noch wenig Erfahrungen mit der Chinesischen Medizin haben, werden den Erklärungen der Autorinnen gut folgen können und erhalten mit diesem Buch nachvollziehbare Untersuchungs- und Behandlungsempfehlungen. Anhand von einprägsamen und beispielhaften Fallbeschreibungen können die Leser eigene Patientengeschichten wiedererkennen und erhalten hilfreiche Anregungen und Hinweise für den Einsatz der Akupunktur in der eigenen Praxis.

M.&H. Schaper